化学工业出版社"十四五"普通高等教育规划教材

环境工程专业基础实验

李玉瑛　刘捷威　汪　涛　主编

U0229119

化学工业出版社
·北京·

内容简介

　　《环境工程专业基础实验》共分五篇,主要内容包括无机及分析化学实验、有机化学实验、物理化学实验、环境工程微生物实验和环境监测实验,一共设置了 65 个实验。每篇的实验既有相对独立性又有内在联系;既包括基础性实验又包括拓展性实验;既可以达到夯实基础、全面提高学生综合素质的效果,又可以提高学生创造性思维能力、创新能力、科学研究能力。实验教学使学生学会使用合适数学分析工具进行作图、拟合等实验数据的处理和分析方法,养成严格、准确记录实验数据和实验现象等严谨的实验作风。

　　本教材可作为环境工程、环境科学、市政工程、生态工程、资源与环境等专业的本科实验教学用书,也可为从事环保行业的科技人员提供参考。

图书在版编目（CIP）数据

环境工程专业基础实验/李玉瑛,刘捷威,汪涛主编. —北京:化学工业出版社,2024.1
化学工业出版社"十四五"普通高等教育规划教材
ISBN 978-7-122-44481-3

Ⅰ.①环…　Ⅱ.①李…②刘…③汪…　Ⅲ.①环境工程-实验-高等学校-教材　Ⅳ.①X5-33

中国国家版本馆 CIP 数据核字（2023）第 225730 号

责任编辑:刘丽菲　李建丽　　　　文字编辑:王　琪
责任校对:宋　夏　　　　　　　　装帧设计:张　辉

出版发行:化学工业出版社
　　　　　（北京市东城区青年湖南街 13 号　邮政编码 100011）
印　　装:三河市双峰印刷装订有限公司
787mm×1092mm　1/16　印张 15½　字数 380 千字
2024 年 2 月北京第 1 版第 1 次印刷

购书咨询:010-64518888　　　　　　售后服务:010-64518899
网　　址:http://www.cip.com.cn
凡购买本书,如有缺损质量问题,本社销售中心负责调换。

定　　价:48.00 元　　　　　　　　版权所有　违者必究

编写人员名单

主　　编：李玉瑛　刘捷威　汪　涛

副主编：郭　琳　吴素平

参编人员：（按姓氏拼音首字母排序）

郑建波　李　冰　刘长宇　吴智谋

谢高艺　徐晓龙　杨　涛　张梦辰

前言

　　新工科人才培养，强调人才的素质教育和创新能力培养。实验教学有利于培养学生理论应用于实践的能力、实事求是和精益求精的科学态度、分析问题和解决问题的能力。我们教学团队依照环境工程专业几门基础实验课的内在联系、教学规律及专业特点，编写了本教材。

　　本教材的编写，力求符合学生的认知规律，贯彻理论联系实际的思想，注重实践，培养学生动手能力。第一篇为无机及分析化学实验，是环境工程专业学生进入大学后首先接触的实验课程，也是学习其他实验的基础，是提高学生实验技能不可缺少的重要环节。无机及分析化学实验包括基本操作训练、化学常数测定、酸碱平衡、氧化还原、沉淀平衡、标准溶液配制、化合物的配制和提纯等实验内容，目的是培养学生实验操作的规范性和分析技能。第二篇为有机化学实验，旨在提高学生进行有机化学实验的基本技能，验证有机化学中所学的理论知识，锻炼学生有机合成、化合物的分离与鉴定方法的思维。通过学习有机化学实验的内容，使学生掌握各项制备和合成化学的基本技能，掌握正确选择有机化合物的合成、分离、提纯与分析鉴定的方法。第三篇为物理化学实验，借助物理化学的原理、技术和仪器，以及数学工具来研究物系的物理、化学性质和化学反应规律。物理化学实验选取了化学热力学、电化学、表面与胶体化学和化学动力学中具有代表性的 10 个实验，使学生了解物理化学的研究方法，掌握物理化学的基本实验技术和技能，从而加深对物理化学基本理论的理解，增强学生解决实际问题的能力。第四篇为环境工程微生物实验，包括微生物学基础实验、环境工程微生物学应用技术和综合实验几种类型。该篇以微生物的基本实验操作和方法为导向，重点突出微生物在环境污染治理和修复过程中常用的研究方法，包括环境微生物的培养和分离技术、环境微生物的观察和计数、环境微生物生理生化实验、微生物在环境工程中应用的实验，通过环境工程微生物实验可帮助学生加深理解微生物学理论与原理及其应用，有效地掌握微生物基本知识及实验操作技能，理解微生物实验技术在生态环境质量、环境污染物生物处理等方面的实践应用。第五篇为环境监测实验，包括水、气、土壤、噪声等环境介质中典型污染物的测定，实验内容的选择重视经典方法的传承和新技术新方法的引入，实验中涵盖了紫外-可见分光光度计、高效液相色谱仪、原子吸收光谱仪、冷原子吸收光度仪等仪器的原理和使用方法，锻炼学生的动手能力、解决实际问题的能力和团队合作精神，为后续污染控制、环境影响评价等理论课的学习打下坚实的基础。

党的二十大提出"推动绿色发展，促进人与自然和谐共生"，本书按照"绿色化学"的思维方式，对内容进行了梳理：在实验试剂的选用方面，尽可能采用无毒或低毒药品，从源头上消除污染；在实验过程中注意引导学生对实验废液进行科学处理，注重培养学生的环保理念；合理安排实验顺序，前面实验的产品作为后面实验的原料，减少污染、节约原料；强调基本操作技能的训练、重视实验安全和减少污染，着重培养学生分析问题和解决问题的能力。

本教材可作为本科环境工程、环境科学、市政工程、环境生态工程、资源与环境等专业的实验教学用书，也可为从事环保行业的科技人员提供参考。

由于作者水平有限，教材不免有疏漏和不足之处，敬请广大读者批评指正。

编者

2023 年 12 月

目录

第一篇　无机及分析化学实验

第二篇　有机化学实验

第三篇　物理化学实验

第四篇　环境工程微生物实验

第五篇　环境监测实验

实验室安全及实验要求

一、教学目标

1. 了解实验室规则与实验安全。
2. 掌握化学药品的使用与保存。
3. 熟悉实验预习步骤及实验记录的整理记录和实验报告的书写。

二、实验室安全管理制度

为了保证实验课正常、有效、安全地进行，保证实验课的教学质量，参加实验课的学生务必遵守以下实验室规则：

（1）进入实验室之前，了解进入实验室后应该注意的事项及相关的操作要求，掌握基础的实验室安全和紧急救护知识。

（2）做实验之前，应认真预习实验内容，了解实验中每一步操作的目的、意义、关键步骤及难点，以及所用药品的性质和应注意的安全问题。

（3）进入实验室时应穿着实验服（女生要扎好头发），严禁穿拖鞋、背心、短裤、裙子等；在实验室内严禁吸烟、饮食、打电话、玩游戏等。书包、衣服等物品应统一放在指定的位置。

（4）进入实验室后，必须遵守实验室的各项规章制度，听从老师的指导。清楚实验室的布局，水、电、气阀门的位置，消防器材和紧急喷淋器材的位置和使用方法，找到实验室废液缸等公用物品的存放处。

（5）做实验时，应先检查仪器是否完整无损，再将实验装置搭装好，实验装置要搭装规范、美观。经指导教师检查合格后方可进行下一步操作。实验过程中，不得喧哗、打闹，不得擅自离开操作台，更不能离开实验室。

（6）实验中须严格按操作规程操作，如要改变，必须经指导教师同意。实验中要认真、仔细观察实验现象，如实做好记录，积极思考。实验完成后，由指导教师登记实验结果，并将产品统一回收保管。课后按时写出符合要求的实验报告。

（7）实验过程中仪器和药品应在指定地点使用，用完后及时放回原处，并保持整洁。节约药品，药品取完后，及时将盖子盖好，防止药品间的相互污染。仪器如有损坏要登记予以补发，并按规章制度赔偿。

（8）保持实验室的整洁，做到仪器、桌面、地面和水槽的"四净"。固体废物（如沸石、棉花等）应倒在垃圾桶中，不得倒入水槽，以免堵塞。

（9）做实验要严肃认真，集中注意力进行观察，要注意仪器有无破碎、漏气，反应是否正常，避免事故发生。实验时观察到的现象及实验结果要随时、如实、详细地记录在实验报告本上，不要记录在零碎的纸张上，以免遗失。

（10）实验结束后，将个人实验台面打扫干净，清洗、整理仪器。学生轮流值日，值日生应负责整理公用仪器和药品，打扫实验室卫生，离开实验室前应检查水、电、气是否关闭，实验室门窗是否关闭。

三、实验安全

实验中经常要用到一些有毒有害、易燃易爆、腐蚀性强的化学药品（如乙醚、盐酸、氢氧化钠等），因此，在实验中防止火灾、爆炸事故的发生是非常重要的。在选择实验药品时，应尽可能选用毒性较低、比较安全的溶剂和试剂。同时，在实验中应注意安全用电和防止割伤、灼伤事故的发生。

1. 防火

实验中所用的溶剂大多是易燃的，故着火是最可能发生的事故之一。引起火灾的原因很多，如用敞口容器加热低沸点的溶剂、加热方法不正确等。为了防止着火，实验中应注意：不能用敞口容器加热和放置易燃、易挥发的化学试剂；应根据实验要求和物质的特性选择正确的加热方法，如对沸点低于80℃的液体，蒸馏时应采用间接加热法，不能直接加热；尽量防止或减少易燃物气体的外逸；处理和使用易燃物时，应远离明火，注意室内通风；易燃、易挥发的废物不得倒入废液缸和垃圾桶中，应专门回收处理；实验室不得存放大量易燃、易挥发性物质等。

一旦发现着火，应保持沉着冷静，防止火势蔓延，保证人员安全。

2. 防爆

许多放热反应一旦开始后，就以较快速度进行，生成大量气体，引起猛烈的爆炸，造成事故，有时还会伴随着燃烧。在化学实验中，发生爆炸事故一般有以下三种情况：

（1）易燃有机溶剂（特别是低沸点易燃溶剂）在室温时就具有较大的蒸气压。空气中混杂易燃有机溶剂的蒸气压达到某一极限时，遇到明火即发生燃烧乃至爆炸。而且，大多数有机溶剂蒸气的相对密度比空气大，会沿着桌面或地面扩散至较远处，或沉积在低洼处。因此，切勿将易燃溶剂倒入废液缸内，更不能用敞口容器盛放易燃溶剂。倾倒易燃溶剂应远离火源，最好在通风橱中进行。

（2）某些化合物容易发生爆炸，如过氧化物、芳香族多硝基化合物等在受热或受到碰撞时可能会发生爆炸。含过氧化物的乙醚在蒸馏时也有爆炸风险，取用时须先检查其中是否有过氧化物。一般可用碘化钾或低铁盐与硫氰化钾试验，如证明有过氧化物存在，必须用硫酸亚铁酸性溶液处理后再用。过氧化物存在不但易发生爆炸，而且影响实验效果，产生副反应。此外，二氧六环、四氢呋喃及某些不饱和碳氢化合物（如丁二烯）也可因产生过氧化物而引起爆炸。

（3）仪器安装不正确或实验操作不当时也可引起爆炸，如蒸馏或反应时实验装置堵塞、减压蒸馏时使用不耐压的仪器等。因此在用玻璃仪器组装实验之前，要先检查玻璃仪器是否有破损。常压操作时，不能在密闭的体系内进行加热，应先检查实验装置是否被堵塞，如发现堵塞应停止加热或反应，将堵塞排除后再继续加热或反应。常压蒸馏时，不能用平底烧瓶、锥形瓶、薄壁试管等不耐压容器作为接收瓶或反应瓶。无论是常压蒸馏还是减压蒸馏，均不能将液体蒸干，以免局部过热或产生过氧化物而发生爆炸。

3. 防止中毒

日常接触的化学药品有个别是剧毒药品，使用时必须十分谨慎；有的药品经长期接触或接触过多也会产生慢性或急性中毒，影响健康，因此必须十分注意。

（1）有毒化学药品侵入人体途径

① 由呼吸道吸入：有毒气体及有毒药品蒸气经呼吸道侵入人体，经血液循环而至全身，产生急性或慢性全身性中毒。所以，有毒实验必须在通风橱内进行，并保持室内空气流通。

② 由消化道侵入：这种情况不多，但在使用移液管或吸量管时，注意不得用口吸，必须用洗耳球。药品均不得用口尝味，不在实验室内进食，不用实验用具煮食，实验结束时必须洗手。

③ 由皮肤、黏膜侵入：眼角膜对化学药品非常敏感，因此化学药品对眼睛具有严重的危害。进行实验时，必须戴防护眼镜。一般来说，化学药品不易透过完整的皮肤，但长期接触或皮肤有伤口时很易侵入。化学药品如浓酸、浓碱能对皮肤造成化学灼伤。某些脂溶性溶剂、氨基及硝基化合物可引起顽固性湿疹。有的也能经皮肤侵入体内，导致全身中毒，或引起过敏性皮炎。所以在实验操作时，应注意勿使化学药品直接接触皮肤，必要时可戴橡胶手套。

（2）有毒化学药品类型

① 有毒气体：如溴、氯、氟、氢氰酸、氟化氢、溴化氢、氯化氢、二氧化硫、硫化氢、光气、氨、一氧化碳等窒息性或具有刺激性气体。使用以上气体或进行有以上气体产生的实验时，应在通风良好的通风橱中进行。

② 酸和强碱：硝酸、硫酸、盐酸、氢氧化钠、氢氧化钾均刺激皮肤，有腐蚀作用，会造成化学烧伤。吸入强酸烟雾，会刺激呼吸道，使用时应加倍小心。贮存碱的瓶子不能用玻璃塞，以免腐蚀；取碱、碎碱时必须戴防护眼镜及橡胶手套；配制碱液时，必须在烧杯中进行，不能在小口瓶或量筒中进行，以防容器受热破裂造成事故；稀释硫酸时，必须将硫酸慢慢倒入水中，同时搅拌，不要在不耐热的厚玻璃器皿中进行。

4. 防止灼伤

皮肤接触高温、低温或腐蚀性物质后均可能被灼伤。因此，在接触这些物质时应戴好橡胶手套和防护眼镜。发生灼伤时应按下列要求处理：

（1）被碱灼伤时，先用大量水冲洗，然后用1％乙酸溶液或饱和硼酸溶液冲洗，再用水冲洗，最后涂上烫伤膏。

（2）被酸灼伤时，先用大量水冲洗，然后用1％～2％碳酸氢钠溶液冲洗，最后涂上烫伤膏。

（3）被溴灼伤时，应立即用大量水冲洗，再用乙醇擦洗或用2％硫代硫酸钠溶液洗至灼伤处呈白色，然后涂上甘油或鱼肝油软膏加以按摩。

（4）被热水烫伤时，先用冷水冲洗，然后擦烫伤膏。

（5）被金属钠灼伤时，先用镊子移走金属钠，然后用乙醇擦洗，再用水冲洗，最后涂上烫伤膏。

以上这些物质一旦溅入眼中（金属钠除外），应立即用大量水冲洗，并及时送医院治疗。

5. 防止割伤

玻璃割伤后要仔细观察伤口有无玻璃碎片，若有碎片，应先将伤口处的玻璃碎片取出，再用生理盐水清洗伤口，若伤势不重，让血流片刻，再用消毒棉花和硼酸溶液（或双氧水）洗干净伤口，涂上碘酒，用创可贴包好；若伤口较深，应用纱布将伤口包好，迅速去医院处理，若割破静脉血管，流血不止时，应先止血。

6. 安全用电及化学危险品

进入实验室后，应首先了解水、电开关及总闸的位置，而且要掌握其使用方法。实验开始时，应先缓缓接通冷凝水（水量要小），再接通电源打开电热套。绝不能用湿手或手握湿物插（或拔）插头。使用电器前，应检查线路连接是否正确，电器内外要保持干燥，不能有水或其他溶剂。实验做完后，应先关闭电源，再拔插头，然后关冷凝水。值日生在做完值日后，要关闭所有的水闸及总电闸。

危险化学药品存放点是学校安全防范的重点部位，存放点严禁吸烟、明火等，严禁带火种进入存放点，严禁闲杂人员进入存放点。制定完善的药品使用手续，实验室管理员要认真检查出入库药品并及时填写出、入库单，经负责人批准后才可发放化学药品，领用时必须管理人和使用人同时在场。危险化学药品存放量要合理，不得超量贮存，并按药品性质分别摆放。实验室管理员要经常检查、核实和清点库存药品，并做好存放点的通风、干燥和常温避光工作。实验室管理员要掌握药品属性、存放及搬运方法，切实做好药品的防盗、防火、防潮及防爆等工作，发生事故时要及时采取有效措施，并及时上报学院安全保卫部门。任何老师或同学发现问题要及时汇报，排除隐患。

四、化学药品的使用与存放

1. 使用化学药品前，要详细查阅有关该化学药品使用说明，充分了解化学药品的物理和化学特性。

2. 严格遵照操作规程和使用方法进行使用，避免对自己和他人造成危害。

3. 了解化学药品对身体健康造成的危害，注意采取相应的预防措施。了解清楚接触到化学危险品产生损伤时所要采用的应急措施并有所准备。

4. 化学危险品使用过程中一旦出现事故，应及时采取相应控制措施，并及时向有关老师和部门报告。

5. 许多易燃有机溶剂蒸气与空气混合并达到一定的浓度范围时，会引起火灾甚至爆炸。使用易燃有机溶剂时，需注意以下事项：

（1）保持容器密闭，需要倾倒液体时，方可打开密闭容器的盖子。

（2）应在没有火源且通风良好的地方（如通风橱）使用易燃有机溶剂，但注意用量不要过大。

（3）使用易燃有机溶剂时，应特别注意使用温度和实验条件。

6. 有机溶剂的毒性表现在溶剂与人体接触或被人体吸收时引起局部麻醉刺激或整个机体功能发生障碍。使用有毒有机溶剂时，尽量不要让皮肤与有机溶剂直接接触，务必做好个人防护。注意保持实验场所通风。在使用过程中如果有毒有机溶剂溢出，应根据溢出的量，移开所有火源，提醒实验室现场人员，用灭火器喷洒，再用吸收剂清扫、装袋、封口，作为废溶剂处理。

7. 所有化学药品的容器都要贴上清晰永久标签，以标明内容及其潜在危险。

8. 所有化学药品都应具备物品安全数据清单。

9. 对于在贮存过程中不稳定或易形成过氧化物的化学药品需加注特别标记。

10. 不得将腐蚀性化学品、毒性化学品、有机过氧化物、易自燃品和放射性物质保存在一起，特别是漂白剂、硝酸、高氯酸和过氧化氢。

五、实验预习和实验记录

1. 实验预习

实验预习是做好化学实验的重要环节，学生实验前必须做好充分的预习。实验预习的具体要求如下：

（1）在做每一个实验前，必须仔细阅读有关的实验教材，了解实验目的和要求，弄清楚本次实验要做什么，怎样做，为什么要这样做，以及做好本实验的关键。

（2）了解实验原理，写出主反应、可能产生的副反应及反应机理。

（3）查阅相关文献，了解目标产物的其他制备方法、应用及目前研究进展等，并将文献进行总结，并记下文献出处。

（4）查阅实验中涉及的所有试剂、产物及副产物的 MSDS（Material Safety Data Sheet，化学品安全技术说明书），将其中主要内容如理化特性、危险（害）性、防护措施、安全使用方法、急救和消防措施、安全贮存条件及注意事项、废弃物处置方法等记录在报告本上。

（5）列出实验中所用试剂的名称、规格、用量及纯化和配制方法。

（6）画出反应及产物分离纯化装置图，并标明仪器名称、规格及要求等。

（7）预习实验中涉及的有关操作，如无水操作、搅拌、加热、萃取、干燥、减压蒸馏、折射率测定、色谱分析和光谱鉴定等实验技术部分的知识。了解玻璃仪器的安装、使用和测试仪器设备的原理、构造及正确的使用方法等。

（8）写出每步操作的目的及注意事项，实验中可能存在的危险及预防措施。

（9）将实验参数如产品外观、产量、产率、熔点、沸点、折射率、比旋光度、纯度等预先列成实验结果记录表。

（10）按照反应方程式中反应物和生成物的物质的量计算出理论产量。

（11）列出实验时间进度安排。预习报告叙述要简明扼要，图示清晰全面，参照预习报告进行实验操作时能够一目了然。

2. 实验记录

实验记录是实验的原始记载，是整理实验报告和研究论文的根本依据，同时也是培养学生严谨科学作风和良好工作习惯的重要环节。"真实"就是根据自己的实验事实如实地记录实验中的情况，绝不能做任何不符合实际的虚假记录。"详细"要求对实验中的任何数据、现象以及实验操作中的各项内容都做详细记录。"及时"是指实验时要边做实验边记录，不要在实验结束后补做"回忆录"或以零散纸张暂记再转抄。实验记录的内容应包括实验的全部过程，具体包括：

（1）日期、室温、天气。

（2）仪器名称、规格、型号及装置。

（3）药品生产厂家及生产日期、药品的颜色、计量方式、加入的数量、加料方式。

（4）测试仪器的名称、规格与型号，产品的外观、产量、产率、测定的物理常数数据及光分析谱图。

（5）实验记录必须做到简明、扼要，字迹清楚、整洁。

实验数据的处理

一、误差的基本概念

1. 测量误差

任何测量过程都有误差。误差按其性质不同可分为三类：

（1）系统误差

系统误差是由某些比较确定的因素引起的。它对测量结果的影响比较固定，其大小有一定规律，在重复测量时，会重复出现，因此也称为可测误差。产生系统误差的主要原因有实验方法不完善、所用仪器精度差、药品不纯和实验操作不当等。系统误差可以用改进方法、校正仪器、提纯药品以及进行空白实验或对照实验等方法来减少，有时也可以采用校正值的方法对测定结果加以修正。

（2）偶然误差

偶然误差是由某些难以预料的偶然因素引起的，对实验结果的影响也不固定，也称随机误差。偶然误差的原因难以确定，似乎无规律可循，但如果多次测量，可以发现偶然误差遵从正态分布，即大小相近的正、负误差出现的概率相等，小误差出现的概率大，大误差出现的概率很小。通过多次测量取平均值和采用适当的数据处理方法可以减少偶然误差的影响。

（3）过失误差

过失误差是由分析过程中的错误所引起的，例如加错试剂、试样损失、仪器异常、读错数据、计算错误等。过失误差无规律可循，但只要加强责任心、认真细致地进行实验，可以避免过失误差。

2. 准确度与误差

准确度指在特定条件下获得的分析结果与真实值之间的符合程度。它能反映分析结果的可靠性。准确度用绝对误差和相对误差来表示。绝对误差指实验测得的数值与真实值之间的差值，相对误差指绝对误差与真实值的百分比。

绝对误差与被测量值的大小无关，而相对误差却与被测量值的大小有关。一般来说，被测量值越大，相对误差越小。用相对误差来反映测定结果的准确度比用绝对误差更合理。

3. 精密度与偏差

精密度指在一定条件下，重复分析同一样品所得测定值的一致程度，即测量结果的再现性。精密度由分析的偶然误差决定。通常被测量的真实值很难准确知道，因此，一般用多次重复测量结果的平均值代替真实值。这时单次测量结果与平均值之间的偏离程度就称为偏差。偏差与误差一样，也有绝对偏差与相对偏差。

二、实验数据记录与有效数字

当对一个测量值进行记录时，所记数字的位数应与仪器的精密度相符合，即所记数字的最后一位为仪器最小刻度以内的估计值，称为可疑值，其他几位为准确值，这样的一个数字称为有效数字，它的位数不可随意增减。

在间接测量中，须通过一定公式将直接测量值进行运算，运算中对有效数字位数的取舍应遵循如下规则：

（1）表示误差一般只取一位有效数字，最多两位。

（2）有效数字的位数越多，数值的精确度也越大，相对误差越小。

（3）运算中舍弃过多不定数字时候，遵循"4舍6入，逢5尾留双"的法则，即：当尾数小于等于4时，直接将尾数舍去；当尾数大于等于6时，将尾数舍去并向前进一位；当尾数为5，而尾数后面的数字均为0时，应看尾数"5"的前一位，若前一位数字此时为奇数，就应向前进一位，若前一位数字此时为偶数，则应将尾数舍去。

（4）在加减运算中，各数值小数点后所取的位数，以其中小数点后位数最少者为准。

（5）在乘除运算中，各数值保留的有效数字，应以其中有效数字最少者为准。

三、可疑值的舍弃

在实验中得到一组数据，往往会出现个别数据偏差较大，这一类数据称为可疑值或者极端值。可疑数据对测定的精密度和准确度均有非常大的影响。若随意取舍可疑值会影响平均值，若测定数据较少时其影响更大，所以对可疑值必须谨慎对待。若检查实验中确实存在过失，则可疑值舍去；若没有充分依据，则应采用统计学方法决定其取舍，因为从统计学的角度来说，数据可以有一定的波动范围。对于不是由于过失而造成的可疑值，需要按照一定的统计学方法进行处理。

偶然误差符合正态分布规律，如果以误差出现次数 N 对标准误差的数值 σ 作图，得一对称曲线。统计结果表明，测量结果的偏差大于 3σ 的点，均可以作为粗差剔除。严格说，这是指标达到 100 次方以上时方可如此处理，粗略地用于 15 次以上的测量。

四、实验数据处理

实验数据的处理是实验报告的重要组成部分，其包含的内容十分丰富，例如数据的记录、函数图的绘制、从实验数据中提取测量结果的不确定度信息、验证和寻找物理规律等。

1. 列表法

将实验数据列成表格，排列整齐，这是数据处理中最简单的方法。列表法对于分析和阐明某些实验结果的规律性比较方便。其中，表格的设计要求对应关系清楚、简单明了、有利于发现相关量之间的物理关系；此外还要求在标题栏中注明物理量名称、符号、数量级和单位等；根据需要还可以列出除原始数据以外的计算栏目和统计栏目等。最后还要求写明表格名称、主要测量仪器的型号、量程和准确等级、有关环境条件参数和温度、湿度等。

2. 作图法

作图法是用图形来表示体系性质变化的规律，可更形象地表达出物理量间的变化关系。从图线上还可以简便求出实验需要的某些结果（如直线的斜率和截距值等），读出没有进行观测的对应点（内插法），或在一定条件下从图线的延伸部分读到测量范围以外的对应点（外推法）。此外，还可以把某些复杂的函数关系，通过一定的变换用直线图表示出来。

需要特别注意的是，实验所作出的图不是示意图，而是用图来表达实验中得到的物理量间的关系，同时还要反映出测量的准确度，所以必须满足一定的作图要求：

（1）作图必须用坐标纸。按需要可以选用毫米方格纸、半对数坐标纸、对数坐标纸或极坐标纸。

（2）选坐标轴。以横轴代表自变量，纵轴代表因变量，在轴的中部注明物理量的名称符号及单位，单位在斜杠后面。

（3）确定坐标分度。坐标分度要保证图上观测点的坐标读数的有效数字位数与实验数据的有效数字位数相同。

（4）描点和连线。根据实验数据，用铅笔在图上描点，点可用"＋""－"等符号表示，符号在图上的大小应与该两物理量的不确定度大小相当。点要清晰，不能用图线盖过点。连线要纵观所有数据点的变化趋势，用曲线板连出光滑且细的曲线，连线不能通过的偏差较大的那些观测点，应均匀地分布于图线的两侧。

（5）写图名和图注。在图纸的上部空旷处写出图名和实验条件。

3. 数学方程式法

将一组实验数据用数学方程式表达出来是最为精练的一种方法。它不但方法简单，而且便于进一步求解，如积分、微分、内插等。此法首先要找出变量之间的函数关系，然后将其线性化，进一步求出直线方程的系数——斜率 m 和截距 b，即可写出方程式。也可将变量之间的关系直接写出多项式，通过计算机曲线拟合求出方程系数。

第一篇
无机及分析化学实验

实验一
电子天平的称量练习

一、实验目的

1. 了解电子天平的构造。
2. 学习正确使用、维护和保养电子天平。
3. 掌握直接法、增量法和减量法称量样品。

二、实验原理

电子天平是利用电磁力平衡称量物体质量的天平，其特点是称重结果准确可靠、可快速显示，具有自动检测系统、自动校准装置和超载保护等装置。按照电子天平的精度及用途可分为超微量电子天平、微量电子天平、半微量电子天平和常量电子天平。选择电子天平时需满足对称量和灵敏度的要求。

使用电子天平时，选防尘、防震、防潮、防止温度波动和远离电磁干扰源的房间作为天平室。需定期校准。

电子天平使用前，检查秤盘下压是否顺畅。调整水平仪气泡至中间位置，开机预热半小时至一小时。不可超载使用电子天平。

1. 直接称量法

用于称量不易吸水、在空气中性质稳定的物质。称取时使用除皮键"Tare"进行清零。可将样品置于电子天平秤盘的表面皿上或可以用干燥小烧杯等敞口容器直接称量。关闭防风玻璃门，待显示数字稳定后记录的读数即为被测物的质量。

2. 固定质量称量法

也称为增量法，用于称量某一固定质量的试样，要求试样不易吸潮、在空气中性质稳定。称量时用药匙逐渐增加所要称量的样品，直到所需的质量为止。如果加入的样品超过所需质量，应用药匙取出多余样品。重复上述操作，直至所取质量符合指定要求为止。

3. 减重称量法

也称为减量法，适用于称取粉末状或容易吸水、氧化、与二氧化碳反应的物质。减量法称出试样的质量不要求为某固定的数值，只要在要求的称量范围内即可。一般使用称量瓶称出样品。称量瓶使用前需清洗干净，并在105℃烘干后放入干燥器冷却。烘干后的称量瓶不能用手直接拿取，需用干净的纸条套在称量瓶上夹取。先将试样置于称量瓶中，称出试样和称量瓶的总质量 W_1，将试样倒出一部分到接收器中后，再将剩余试样加称量瓶称重得质量为 W_2，则接收器中的试样质量为 $W_1 - W_2$。

三、实验材料

1. 仪器及器具

电子天平，10mg 标准砝码，称量瓶（烘干后保存在干燥器中），锥形瓶，50mL 烧杯，表面皿，药匙。

2. 试剂及药品

已知质量的金属片，$CaCO_3$（经 300℃烘干），二氧化硅。

四、实验步骤

1. 称量前检查

检查天平盘上是否有异物，秤盘下压是否顺畅。检查电子天平是否处于水平位置，调整水平仪气泡至中间位置。

接通电源，按下开关键，进行预热 0.5～1h。待电子天平稳定后，调整灵敏度，先按"CAL"键，再按"O/T"键，电子天平进入灵敏度调整。

2. 称量练习

待电子天平稳定显示为 0.0000g 后，开始称量练习。

（1）金属片直接称量

取一洁净的表面皿置于电子天平秤盘的中央，关闭天平的防风玻璃门。等读数显示稳定后，记录称量结果（准确至 0.1mg）为 W_1。

领取一已知质量的金属片样品，记录样品号。将金属片样品放在电子天平秤盘中央的表面皿上，关闭天平的防风玻璃门。等读数显示稳定后，记录称量结果（准确至 0.1mg）为 W_2。计算得金属片样品的称量质量为 $W_2 - W_1$，并与已知质量核对。称量误差不得超过 1mg，否则需要重新调零，再次进行称量。

（2）增量法称量二氧化硅

本实验要求准确称取 1.0000g 二氧化硅。

取一洁净干燥的 50mL 烧杯，置于电子天平秤盘的中央。等读数显示稳定后，按除皮键"Tare"进行清零。

用洁净药匙向上述烧杯中逐渐增加要称量的二氧化硅样品，如果加入样品超过指定质量，用药匙取出多余样品，直到天平的数字稳定显示 1.0000g 为止。

3. 减量法称量

本实验要求用减量法从称量瓶中称取 0.2～0.4g 的 $CaCO_3$ 固体样品（称准至 0.1mg）。

取 2 个洁净的 100mL 烧杯，进行编号。

用宽 2cm、长约 10cm 的纸条套住装有 $CaCO_3$ 固体样品的称量瓶，将称量瓶从干燥器中取出。先粗称其质量，再在电子天平上精准称量，质量记为 m_1。

用纸条套住称量瓶将其从天平中取出，使称量瓶位于烧杯 1 的上方。手隔着纸片将称量瓶盖打开，慢慢调整称量瓶口稍向下倾斜，使称量瓶中样品正好落入烧杯中。当落入烧杯中的样品接近所需称取质量时，缓慢将称量瓶竖起并用称量瓶盖轻轻敲称量瓶口。然后立即盖好瓶盖，对称量瓶及其内部剩余的 $CaCO_3$ 固体样品进行准确称重，记录为 m_2。

两次称量之差 m_1-m_2 即为第一份 $CaCO_3$ 固体样品质量。

以同样的方法取第二份样品于烧杯 2 中，再对称量瓶及剩余样品进行准确称量，记录为 m_3，则第二份 $CaCO_3$ 固体样品的质量为 m_2-m_3。

4. 清洁电子天平

称量完毕后，关闭电子天平，切断电源。检查电子天平秤盘及周围有无残留物，若有需清理干净。然后将电子天平罩好。

在电子天平使用登记本上记录电子天平使用情况。

五、注意事项

1. 可直接称量的金属片不能直接用手拿取，须用纸袋包着或戴上手套拿取。
2. 实验前需要检查电子天平，并进行预热。
3. 电子天平不得长时间处于开启状态。
4. 取称量瓶时不能直接用手拿取，以免沾污称量瓶造成误差。
5. 增量法称量中，取出的多余试剂应弃去，不能放回原试剂瓶中。

六、实验结果

将称量练习数据记录于表 1。

表 1　不同称量法实验数据

参数名称	数据
直接称量法	
金属片质量/g	
增量法	
二氧化硅质量/g	
减量法	
称量瓶＋样品质量 m_1/g	
倒出第一份样品后称量瓶＋剩余样品质量 m_2/g	
倒出第二份样品后称量瓶＋剩余样品质量 m_3/g	
第一份样品质量 m_1-m_2/g	
第二份样品质量 m_2-m_3/g	

七、思考题

1. 什么情况下采用减量法称取样品？
2. 电子天平的灵敏度越高时，其称量的精准度是不是也越高？
3. 减量法称量过程中，能否用药匙取样或加样？
4. 在称量的记录和计算中，如何运用有效数字？

实验二

粗盐的提纯

一、实验目的

1. 熟悉氯化钠提纯的基本原理和方法。
2. 学习溶解、沉淀、减压过滤、蒸发、浓缩、结晶、干燥等基本操作。
3. 学习 Ca^{2+}、Mg^{2+}、SO_4^{2-} 等离子的定性检验。

二、实验原理

化学试剂或医药用的 $NaCl$ 都是从粗盐中提纯得到的。粗盐中除了含有泥沙等不溶性杂质外,还含有 Ca^{2+}、Mg^{2+}、SO_4^{2-}、K^+ 等可溶性杂质。不溶性杂质可通过过滤法除去。可溶性杂质可通过添加适当的试剂使 Ca^{2+}、Mg^{2+}、SO_4^{2-} 等离子生成沉淀而除去。

首先将食盐溶解,向其中加入 $BaCl_2$ 溶液,以除去 SO_4^{2-}。

$$Ba^{2+} + SO_4^{2-} \longrightarrow BaSO_4(s) \downarrow$$

然后再向其溶液中加入 Na_2CO_3 溶液,以除去 Ca^{2+}、Mg^{2+} 和过量的 Ba^{2+}。

$$Ca^{2+} + CO_3^{2-} \longrightarrow CaCO_3(s) \downarrow$$

$$4Mg^{2+} + 5CO_3^{2-} + 2H_2O \longrightarrow Mg(OH)_2 \downarrow + 3MgCO_3(s) \downarrow + 2HCO_3^-$$

$$Ba^{2+} + CO_3^{2-} \longrightarrow BaCO_3(s) \downarrow$$

过量的 Na_2CO_3 溶液可用盐酸溶液将其中和。

经过上述处理后粗盐中的 K^+ 仍留在溶液中。这是由于 KCl 的溶解度比 $NaCl$ 大,在蒸发浓缩食盐溶液的过程中,$NaCl$ 先结晶出来而 KCl 仍留在溶液中。

三、实验材料

1. 仪器与器皿

电子天平，烧杯，量筒，蒸发皿，长颈漏斗，玻璃棒，酒精灯（或本生灯），漏斗架，布氏漏斗，表面皿，石棉网，吸滤瓶，试管等。

2. 试剂和药品

2mol/L 的 HCl，1mol/L 的 HAc，2mol/L 的 NaOH，1mol/L 的 $BaCl_2$，1mol/L 的 Na_2CO_3，饱和 Na_2CO_3，饱和（NH_4）$_2C_2O_4$，镁试剂（将 0.001g 对硝基苯偶氮间苯二酚溶于 100mL 1mol/L 的 NaOH 溶液中），pH 试纸，蒸馏水。

粗盐。

四、实验步骤

1. 溶解粗盐

准确称取 5.0g 粗盐于 100mL 烧杯中，加 25mL 蒸馏水，加热搅拌使粗盐溶解（不溶性杂质沉于底部）。过滤除去不溶性杂质。

2. 去除 SO_4^{2-}

加热溶液至沸腾，一边搅拌一边逐滴加入 1mol/L 的 $BaCl_2$ 溶液约 2mL。继续加热 5min，使沉淀颗粒长大易于沉降。

检查 SO_4^{2-} 是否除尽：将烧杯从石棉网上取下，待沉淀沉降后，加 1～2 滴 1mol/L $BaCl_2$ 溶液到上层清液中。如果出现浑浊，表示 SO_4^{2-} 尚未除尽，需继续加入 $BaCl_2$ 溶液以除去剩余的 SO_4^{2-}。如果不浑浊，表示 SO_4^{2-} 已除尽。过滤除去 $BaSO_4$ 沉淀物。

3. 去除 Mg^{2+}、Ca^{2+}、Ba^{2+} 等阳离子

将所得的滤液加热至沸腾。边搅拌边滴加 1mol/L 的 Na_2CO_3 溶液，直至不再产生沉淀为止。再多加 0.5mL Na_2CO_3 溶液，静置。

检查 Ba^{2+} 是否除尽：加几滴饱和 Na_2CO_3 溶液到上层清液中，如果出现浑浊，表示 Ba^{2+} 未除尽，需继续加 Na_2CO_3 溶液直至除尽为止。过滤除去沉淀，保留滤液。

4. 去除过量的 CO_3^{2-}

在上述滤液中逐滴滴加 2mol/L HCl 溶液，并加热搅拌，直至溶液的 pH 为 2～3（用 pH 试纸测定）。

5. 浓缩与结晶

将上述滤液倒入蒸发皿中，小火加热，溶液蒸发浓缩到有大量 NaCl 结晶出现（约为原来体积的 1/4）。冷却后进行抽滤。然后用少量蒸馏水洗涤晶体，抽干。

将氯化钠晶体转移到事先称重的表面皿中，放入烘箱内烘干，得到精盐。冷却后称重（g），计算产率。

$$产率 = \frac{精盐质量}{5.0} \times 100\%$$

6. 产品纯度的检测

取精盐产品和粗盐各 1g，分别溶于 5mL 蒸馏水中，进行 SO_4^{2-}、Ca^{2+} 和 Mg^{2+} 的定性检验。

（1）SO_4^{2-}

分别移取 1mL 粗盐溶液和提纯的精盐溶液于 10mL 试管中，分别加入 2 滴 2mol/L HCl 溶液和 2 滴 1mol/L $BaCl_2$ 溶液。比较两溶液中沉淀产生的情况。

（2）Ca^{2+}

分别移取 1mL 粗盐溶液和提纯的精盐溶液于 10mL 试管中，分别加入 4 滴 1mol/L HAc 溶液，再分别加入 3~4 滴饱和 $(NH_4)_2C_2O_4$ 溶液。比较两溶液中沉淀产生的情况。

（3）Mg^{2+}

分别移取 1mL 粗盐溶液和提纯的精盐溶液于 10mL 试管中，分别加 5 滴 2mol/L NaOH 溶液和 2 滴镁试剂，若有天蓝色沉淀产生，表明有 Mg^{2+} 存在。比较两溶液中沉淀产生的情况。

五、注意事项

1. 蒸发过程要用玻璃棒不断搅拌，防止溶液暴沸或飞溅。
2. 热的蒸发皿要放在石棉网上冷却，以免烫坏实验台，需使用坩埚钳拿取。
3. 在浓缩结晶时，注意用小火，不能将溶液蒸干。在加热至有较多晶体析出时，停止加热。

六、实验结果

1. 计算产率。
2. 检验产品纯度。

将 SO_4^{2-}、Ca^{2+}、Mg^{2+} 杂质的定性检验结果填写于表 2 中。

表 2　杂质的定性检验结果

滴加试剂		$BaCl_2$ 溶液	$(NH_4)_2C_2O_4$ 溶液	NaOH 溶液和镁试剂
粗盐溶液 1mL	现象			
	结论			
提纯的精盐溶液 1mL	现象			
	结论			

七、思考题

1. 在去除粗盐溶液中的 Ca^{2+}、Mg^{2+}、SO_4^{2-} 时，为什么要先加入 $BaCl_2$ 溶液，然后再加入 Na_2CO_3 溶液？
2. 去除粗盐溶液中 SO_4^{2-} 时，能否利用 $CaCl_2$ 代替 $BaCl_2$ 溶液？
3. 在去除粗盐溶液中 Ca^{2+}、Mg^{2+}、SO_4^{2-} 时，能否用其他的可溶性碳酸盐而不是 Na_2CO_3 溶液？

实验三
乙酸标准解离常数和解离度的测定

一、实验目的

1. 学习 pH 法测定乙酸的标准解离常数和解离度。
2. 理解解离平衡的概念。

二、实验原理

乙酸（CH_3COOH），简写为 HAc，是一种弱电解质。在水溶液中的解离平衡为：

$$HAc \rightleftharpoons H^+ + Ac^-$$

其标准解离常数的表达式为：

$$K_a^{\ominus} = \frac{[H^+][Ac^-]}{[HAc]} \tag{1}$$

式中，$[H^+]$、$[Ac^-]$、$[HAc]$ 分别为 H^+、Ac^-、HAc 的平衡浓度；$K_a^{\ominus}$ 为标准解离平衡常数，在一定温度下为定值，与其浓度无关。

假设 HAc 溶液的起始浓度为 c 时：

$$[HAc] = c - [H^+], [Ac^-] = [H^+] \tag{2}$$

将式（2）代入式（1），得：

$$K_a^{\ominus} = \frac{[H^+]^2}{c - [H^+]} \tag{3}$$

HAc 的解离度 α 可表示为：

$$\alpha = \frac{[H^+]}{c} \tag{4}$$

用酸度计测定一系列已知浓度 HAc 溶液的 pH 后，将 [H$^+$] 代入式（3）和式（4），可求得标准解离平衡常数 $K_a^\ominus$ 和解离度 α。

三、实验材料

1. 仪器及器具

电子天平，酸度计，50mL 容量瓶，50mL 烧杯，锥形瓶，移液管，移液器，温度计，洗瓶，滴管，50mL 酸式滴定管，50mL 碱式滴定管。

2. 试剂和药品

pH 等于 4.00、6.86 的标准缓冲溶液，0.1mol/L 的 HAc 溶液，0.1mol/L 的 NaOH 标准溶液，酚酞指示剂（1%酚酞溶液）。

四、实验步骤

1. HAc 溶液浓度的标定

移取 25mL 0.1mol/L 的 HAc 溶液到 250mL 的锥形瓶中，滴加 2 滴酚酞指示剂。然后用 0.1mol/L 的 NaOH 标准溶液滴定至溶液变微红色，并且 30s 内不褪色时为终点。

做两个平行样，计算 HAc 溶液的准确浓度。

2. 配制一系列浓度的 HAc 溶液

分别移取 10.00mL、20.00mL、30.00mL、40.00mL、50.00mL 上述标定过浓度的 HAc 溶液到 50mL 容量瓶中，分别用蒸馏水稀释至刻度线，摇匀，并计算出各容量瓶中 HAc 溶液的浓度。

3. 确定 HAc 的标准解离常数和解离度

用酸度计测定各容量瓶中 HAc 溶液的 pH，并计算 HAc 的标准解离常数和解离度。将实验结果记录于表 3。

五、注意事项

1. 滴定管需要用待装溶液润洗 2～3 次。
2. pH 玻璃电极需用待测液润洗后再插入待测液进行测定。
3. 本实验中，HAc 溶液的准确浓度需要用 0.1mol/L 的 NaOH 标准溶液进行标定。

六、实验结果

根据实验结果计算 HAc 溶液解离常数和解离度并记录于表 3。

表 3　HAc 溶液解离常数和解离度　　　　　温度＿＿＿℃

序号	V(HAc) /mL	c(HAc) /(mol/L)	pH	[H$^+$] /(mol/L)	解离度 α	标准解离常数 $K_a^\ominus$	
						测定值	平均值
1	10.00						

序号	$V(HAc)$ /mL	$c(HAc)$ /(mol/L)	pH	$[H^+]$ /(mol/L)	解离度 α	标准解离常数 $K_a^{\ominus}$	
						测定值	平均值
2	20.00						
3	30.00						
4	40.00						
5	50.00						

七、思考题

1. 除了采用 pH 法测定乙酸标准解离常数和解离度，还可采用什么方法来测定？

2. HAc 溶液的标准解离平衡常数与 HAc 溶液的浓度有没有关系？

3. 在 HAc 溶液中加入一定量的固体 NaAc 或 NaCl（假设溶液的体积不变），是否能用式（3）来求解离常数？

实验四

盐酸溶液和NaOH溶液的配制与标定

一、实验目的

1. 掌握盐酸溶液的配制和标定。掌握以无水碳酸钠为基准物质标定盐酸的实验操作。
2. 学习用邻苯二甲酸氢钾标定 NaOH 溶液的方法。
3. 掌握称量、粗配溶液和滴定终点判断的操作方法。

二、实验原理

标准溶液是指已知准确浓度的溶液。化学分析中常常需要配制一定浓度的酸碱溶液，但市售的酸或碱的浓度过高、纯度不够。例如固体 NaOH 易吸收空气中的水分和二氧化碳，不易准确称取；浓盐酸很容易挥发，不能准确移取。结果不能直接配制 NaOH 和 HCl 的标准溶液。因此，需要先配制成近似浓度的溶液，然后用基准物质或已知准确浓度的标准溶液来标定其准确浓度。

在标定碱溶液的准确浓度时，可采用酸性物质作为基准物质，例如邻苯二甲酸氢钾。反应的产物为邻苯二甲酸钾钠，在水溶液中呈弱碱性，可选用酚酞作为指示剂。邻苯二甲酸氢钾纯品具有在空气中不吸水、容易保存、摩尔质量较大等优点。邻苯二甲酸氢钾与 NaOH 的反应为：

$$\text{（苯环结构）COOH, COOK} + \text{NaOH} \longrightarrow \text{（苯环结构）COONa, COOK} + H_2O \tag{1}$$

浓盐酸挥发性大，先粗略量取稍多于所需体积的浓盐酸配制成近似浓度的溶液。然后用基准物质无水碳酸钠标定其准确浓度。用甲基橙为指示剂，用配制的盐酸溶液滴定至溶液由黄色变为橙色即为滴定终点。计算其准确浓度。无水碳酸钠和盐酸的反应为：

$$Na_2CO_3 + 2HCl \Longrightarrow 2NaCl + H_2O + CO_2 \uparrow \tag{2}$$

NaOH 和 HCl 溶液反应达到等量点时，所用的酸和碱的物质的量正好相等，这种关系

为 $c(HCl)/c(NaOH)=V(NaOH)/V(HCl)$。因此，NaOH 和 HCl 标准溶液可只标定其中一种溶液的浓度，再通过比较滴定的结果，计算出另一种溶液的准确浓度。

三、实验材料

1. 仪器与器皿

电子天平，电热干燥箱，干燥器，量筒，50mL 酸式滴定管，50mL 碱式滴定管，25mL 移液管，移液器，烧杯，量筒，锥形瓶，试剂瓶，玻璃棒，洗耳球，洗瓶。

2. 试剂和药品

固体 NaOH（分析纯），浓盐酸（1.19g/mL），无水碳酸钠（基准物质，270～300℃高温炉灼烧至恒重，保存于干燥器内备用），邻苯二甲酸氢钾（基准物质，105～110℃下烘干至恒重，保存于干燥器内备用），酚酞指示剂（1%酚酞乙醇溶液），甲基橙指示剂（1g/L 的甲基橙溶液），标签纸，煮沸后刚冷却的蒸馏水。

四、实验步骤

1. NaOH 标准溶液的配制和标定

（1）0.1mol/L 的 NaOH 标准溶液的配制

将 2.1g 的 NaOH 固体称量于一洁净的 100mL 烧杯中，再加入约 30mL 煮沸后刚冷却的蒸馏水，使固体 NaOH 溶解。然后将其转移至一洁净试剂瓶中，用煮沸后刚冷却的蒸馏水稀释至 500mL，摇匀，加橡胶塞。贴好标签。

（2）0.1mol/L 的 NaOH 标准溶液浓度的标定

准确称取已经烘至恒重的邻苯二甲酸氢钾（基准物质）3 份，每份 0.4～0.6g。分别置于 250mL 锥形瓶中，分别加入 20～30mL 煮沸后刚冷却的蒸馏水，加塞摇匀使邻苯二甲酸氢钾全部溶解。冷却后加 2 滴酚酞指示剂，然后用待标定的 NaOH 标准溶液滴定至出现微红色并 30s 内不褪色为终点。分别记录所消耗 NaOH 标准溶液的体积，计算 NaOH 标准溶液的准确浓度。要求三次测定结果的相对平均偏差不能大于 0.3%，否则需重新标定。

2. HCl 标准溶液的配制和标定

（1）0.1mol/L 的 HCl 标准溶液的配制

取一洁净 10mL 量筒，量取约 4.5mL 浓 HCl，加入盛有 400mL 蒸馏水的试剂瓶中，再加蒸馏水至 500mL，加塞并摇匀。贴好标签。

（2）0.1mol/L 的 HCl 标准溶液浓度的标定

准确称取已经烘至恒重的无水碳酸钠（基准物质）3 份，每份 0.15～0.20g。分别置于 250mL 锥形瓶中，分别加入 20～30mL 蒸馏水，使无水碳酸钠完全溶解。加入 1～2 滴甲基橙指示剂，然后用待标定的 HCl 标准溶液滴定至溶液由黄色变为橙色时为终点。分别记录所消耗 HCl 标准溶液的体积，并计算 HCl 标准溶液的准确浓度。三次测定结果的相对平均偏差不能大于 0.3%，否则需重新标定。

五、注意事项

1. 浓盐酸挥发性强，应在通风橱中进行移取。

2．配制 0.1mol/L 的盐酸是粗略配制，量取的浓盐酸体积不用十分精确，用量筒就可以。

3．用减量法称量干燥的无水硫酸钠时，要注意规范操作。

4．在滴定时，边摇晃边滴定，并仔细观察溶液颜色的变化，准确判断滴定终点。

5．使用邻苯二甲酸氢钾之前，需要在 105~110℃ 下烘干至恒重，保存于干燥器中备用。

6．NaOH 溶液易吸收空气中二氧化碳和水分，会腐蚀玻璃，长期保存时需要放在塑料瓶中。

六、实验结果

1．根据实验结果计算 NaOH 标准溶液的准确浓度，记录于表4。

表 4　0.1mol/L 的 NaOH 标准溶液的标定

实验项目	实验次数		
	1	2	3
邻苯二甲酸氢钾质量/g			
$V(NaOH)$/mL			
$c(NaOH)$/(mol/L)			
平均 $c(NaOH)$/(mol/L)			
相对偏差			
相对平均偏差			

2．根据实验结果计算 HCl 标准溶液的准确浓度，记录于表5。

表 5　0.1mol/L 的 HCl 标准溶液的标定

实验项目	实验次数		
	1	2	3
$m(Na_2CO_3)$/g			
$V(HCl)$/mL			
$c(HCl)$/(mol/L)			
平均 $c(HCl)$/(mol/L)			
相对偏差			
相对平均偏差			

七、思考题

1．标定 HCl 标准溶液的浓度除了用 Na_2CO_3 基准物质外，还可以用哪种基准物质？HCl 标准溶液的浓度为什么需要标定？

2．称取的无水碳酸钠基准物质，为什么需要经烘干？为何需要准确称取？

3．标定盐酸标准溶液的浓度时，能否用酚酞作为指示剂？

4．用邻苯二甲酸氢钾标定 NaOH 标准溶液的浓度时，应该选用酚酞还是甲基橙作为指示剂？

5．为什么不用直接法配制 HCl 和 NaOH 标准溶液，而是用间接法配制？

6．分析实验中误差产生的原因？

7．可否将邻苯二甲酸氢钾在 270℃ 下灼烧干燥后，置于干燥器中冷却至室温再用来配制邻苯二甲酸氢钾标准溶液？

实验五

EDTA标准溶液的配制与标定

一、实验目的

1. 了解缓冲溶液的应用。
2. 掌握 EDTA 标准溶液的配制和标定方法。
3. 掌握配位滴定原理。

二、实验原理

EDTA 是乙二胺四乙酸的简称（常用 H_4Y 表示）。EDTA 能与大多数金属离子形成 1:1 的稳定配合物。标定 EDTA 溶液的常用基准物质有 Zn、ZnO、$CaCO_3$、Cu、$MgSO_4 \cdot 7H_2O$、Ni、Pb 等。本实验采用 Zn 作基准物质、铬黑 T 为指示剂，在 $NH_3 \cdot H_2O\text{-}NH_4Cl$ 缓冲溶液（pH 为 10）中进行标定，滴定终点时溶液从酒红色变为纯蓝色。配位滴定中通常使用的配位剂是乙二胺四乙酸二钠盐（EDTA 二钠盐）。

滴定前：$Zn^{2+}+In^{2-}$（蓝色）$\Longrightarrow$ZnIn（酒红色），其中，In 为金属指示剂。

滴定开始至终点前：$Zn^{2+}+Y^{4-}$$\Longrightarrow$$ZnY^{2-}$，其中，$Y^{4-}$ 为乙二胺四乙酸根。

终点时：ZnIn（酒红色）$+Y^{4-}$$\Longrightarrow$$ZnY^{2-}+In^{2-}$（纯蓝色）。

三、实验材料

1. 仪器及器具

电子天平，马弗炉，坩埚，干燥器，容量瓶，酸式滴定管。

2. 试剂和药品

分析纯 EDTA 二钠盐（固），铬黑 T 指示剂，纯 Zn，乙醇，1:1 的 HCl 溶液，1:1 的 $NH_3 \cdot H_2O$，去离子水。

$NH_3 \cdot H_2O$-NH_4Cl 缓冲溶液（pH=10）：称取 6.75g NH_4Cl 溶于 20mL 去离子水中，加入 57mL 15mol/L 的 $NH_3 \cdot H_2O$，用去离子水稀释到 100mL。

四、实验步骤

1. 0.01mol/L 的 EDTA 标准溶液的配制

称取 3.7g EDTA 二钠盐置于 1000mL 烧杯中，加少量去离子水使其溶解，必要时可温热以加快溶解，用去离子水将其稀释至 1000mL，摇匀。如果有残渣可采用过滤法除去。

2. 0.01mol/L 的 Zn^{2+} 标准溶液的配制

取适量纯锌粒或锌片，在稀 HCl 溶液中稍加泡洗以除去表面的氧化物，用去离子水冲洗掉锌表面的 HCl 溶液。再用乙醇清洗一下表面，沥干后在 110℃下烘几分钟，然后置于干燥器中冷却。

准确称取处理过的纯锌 0.15~0.2g，置于 100mL 小烧杯中。加 5mL 1:1 的 HCl 溶液，盖上表面皿，必要时稍微温热，使锌完全溶解。冲洗表面皿及杯壁，小心转移于 250mL 容量瓶中，加去离子水稀释至标线，摇匀。计算 Zn^{2+} 标准溶液的浓度 $c(Zn^{2+})$。

3. EDTA 浓度的标定

准确移取 25.00mL Zn^{2+} 标准溶液置于 250mL 锥形瓶中，逐滴加入 1:1 的 $NH_3 \cdot H_2O$，并不断摇动至开始出现白色 $Zn(OH)_2$ 沉淀。再加 5mL $NH_3 \cdot H_2O$-NH_4Cl 缓冲溶液、50mL 去离子水和 3 滴铬黑 T 指示剂。用 EDTA 标准溶液滴定至溶液由酒红色变为纯蓝色即为终点。记录 EDTA 溶液的用量 $V(EDTA)$。平行标定三次，计算 EDTA 的浓度 $c(EDTA)$。

五、注意事项

1. 在配位滴定中所用的蒸馏水是否符合实验要求很重要。必须对蒸馏水的质量进行检测，可采用二次蒸馏水或去离子水来配制溶液。

2. EDTA 溶液应贮存在聚乙烯塑料瓶或硬质玻璃瓶中而不能贮存在普通玻璃瓶中，否则玻璃中的 Ca^{2+} 会被溶解而使 EDTA 的浓度降低。

3. EDTA 标准溶液滴定至终点时，需注意铬黑 T 指示剂由酒红色经过一个蓝紫色的过渡色，这个过程很短暂，很快变为终点纯蓝色。

六、实验结果

1. 计算 Zn^{2+} 标准溶液的浓度 $c(Zn^{2+})$。
2. 计算 EDTA 的准确浓度 $c(EDTA)$。

七、思考题

1. 在配位滴定中，指示剂应具备什么条件？
2. EDTA 标准溶液为什么贮存于塑料试剂瓶而不是普通玻璃瓶中？
3. EDTA 配位滴定中，缓冲溶液的作用是什么？

实验六

高锰酸钾标准溶液的配制与标定

一、实验目的

1. 了解高锰酸钾标准溶液的配制方法。
2. 掌握利用 $Na_2C_2O_4$ 标定高锰酸钾标准溶液的原理和方法。

二、实验原理

高锰酸钾（$KMnO_4$）是一种强氧化剂，在酸性条件下氧化性更强，可以用作消毒剂和漂白剂，和强还原性物质反应时会被褪色。在氧化还原滴定中 $KMnO_4$ 是一种常用的氧化剂。但市售的 $KMnO_4$ 中常含有硫酸盐、氯化物、硝酸盐、二氧化锰等少量杂质；在配制 $KMnO_4$ 溶液时，蒸馏水中含有少量的有机物质会使 $KMnO_4$ 还原、分解，见光时分解更快。因此配制的 $KMnO_4$ 溶液需要在暗处静置数天，使蒸馏水中的还原性杂质被 $KMnO_4$ 氧化后再标定其准确浓度。

因此，不能通过准确称量 $KMnO_4$ 直接配制标准溶液。放置于暗处的 $KMnO_4$ 溶液呈中性时比较稳定，如果长期使用需要定期进行标定。$KMnO_4$ 标准溶液常用草酸钠（$Na_2C_2O_4$）作基准物质来标定。标定的反应如下：

$$2MnO_4^- + 5C_2O_4^{2-} + 16H^+ = 2Mn^{2+} + 10CO_2\uparrow + 8H_2O \tag{1}$$

滴定需控制在 $70\sim80℃$、酸性和有 Mn^{2+} 催化作用下进行。滴定初期反应速率很慢，需逐滴加入 $KMnO_4$ 标准溶液。随着滴定的进行，逐渐形成的 Mn^{2+} 的催化作用使反应速率逐渐加快。但滴定也不能过快，否则部分 $KMnO_4$ 在热溶液中会分解而造成误差，分解反应如下：

$$4KMnO_4 + 2H_2SO_4 = 4MnO_2 + 2K_2SO_4 + 2H_2O + 3O_2\uparrow \tag{2}$$

由于 $KMnO_4$ 溶液本身为紫红色，可利用本身的颜色指示滴定终点，不需另外加指示剂。

三、实验材料

1. 仪器及器具

电子天平，电炉，水浴锅，4号玻璃滤锅，移液管，移液器，称量瓶，酸式滴定管，量筒，锥形瓶，烧杯。

2. 试剂和药品

固体 $KMnO_4$，基准试剂 $Na_2C_2O_4$（于105～110℃干燥2h，贮存于干燥器中备用），3mol/L 的 H_2SO_4 溶液。

四、实验步骤

1. 0.02mol/L 的 $KMnO_4$ 标准溶液的配制

称取 1.7g $KMnO_4$ 置于一洁净烧杯，用少量蒸馏水使其溶解。然后移入洁净的棕色试剂瓶中，用蒸馏水稀释至500mL。摇匀，加塞。于暗处静置7天。

取一洁净4号玻璃滤锅对上述上层的溶液进行过滤，除去沉淀等杂质。将滤液贮存于洁净的棕色试剂瓶中，于暗处保存，待标定。

$KMnO_4$ 标准溶液配制后，如果将溶液缓慢煮沸并保持微沸1h，等冷却后用4号玻璃滤锅进行过滤除去沉淀等杂质，则不需要静置7天。

2. $KMnO_4$ 标准溶液的标定

准确称取 0.2g 左右经预先干燥过的基准试剂 $Na_2C_2O_4$，置于250mL的洁净锥形瓶中，加 40mL 蒸馏水和 10mL 3mol/L 的 H_2SO_4 溶液。小火加热至有蒸汽冒出（70～80℃）。用配制好的 $KMnO_4$ 标准溶液进行滴定。开始时，要慢慢地逐滴滴定。等溶液中有 Mn^{2+} 产生后，可稍加快滴定速度，并不断摇动溶液。接近终点时，紫红色褪去很慢，放慢滴定速度，并进行充分摇匀。最后滴加半滴 $KMnO_4$ 溶液，在摇匀后30s内微红色不褪时即为终点。记录 $KMnO_4$ 标准溶液使用量。同时做空白实验。平行标定三次。

$KMnO_4$ 标准溶液的浓度按下式计算：

$$c = \frac{m \times 1000}{(V_1 - V_2)M} \tag{3}$$

式中 m——称取基准试剂 $Na_2C_2O_4$ 的质量，g；

       V_1——滴定时 $KMnO_4$ 标准溶液的使用量，mL；

       V_2——空白实验 $KMnO_4$ 标准溶液的使用量，mL；

       M——基准试剂 $Na_2C_2O_4$ 的摩尔质量，g/mol；

       c——$KMnO_4$ 标准溶液的浓度，mol/L。

五、注意事项

1. 用4号玻璃滤锅对 $KMnO_4$ 标准溶液进行过滤前，玻璃滤锅需要用同样浓度的 $KMnO_4$ 标准溶液煮沸5min。

2. 用 $KMnO_4$ 标准溶液滴定时，$KMnO_4$ 标准溶液颜色较深，不易观察到溶液在滴定管中的弯月面最低点，可以以滴定管液面最高线为准进行读数。

3. 滴定过程中如果出现棕色浑浊现象，说明溶液的酸度不够，需加入 3mol/L 的 H_2SO_4 溶液进行调节。

4. 标定过程中，需要注意不同阶段的滴定速度，特别是刚开始时需控制速度，当第一滴 $KMnO_4$ 溶液滴入后不断摇动，等紫红色褪去后再滴入第二滴。到滴定后期时，可以适当加快滴定速度，但不能过快。临近终点时，需要半滴半滴地缓慢滴定。

六、实验结果

将实验结果记录于表 6 中。

表 6　$KMnO_4$ 标准溶液的标定

项目	滴定次数		
	1	2	3
基准试剂 $Na_2C_2O_4$ 的质量/g			
$KMnO_4$ 标准溶液的使用量/mL			
空白实验 $KMnO_4$ 标准溶液的使用量/mL			
$KMnO_4$ 标准溶液的浓度/(mol/L)			
$KMnO_4$ 标准溶液的平均浓度/(mol/L)			
相对误差/%			

七、思考题

1. 标定 $KMnO_4$ 标准溶液时，为什么一开始时需要慢慢地滴定？

2. 配制 $KMnO_4$ 标准溶液时，为什么需要在暗处静置几天，或者将溶液煮沸一段时间？

3. 配制好的 $KMnO_4$ 标准溶液为什么采用 4 号玻璃滤锅进行过滤？可以采用中速滤纸过滤吗？

4. 用基准物质 $Na_2C_2O_4$ 标定 $KMnO_4$ 标准溶液时，为什么要加热？溶液温度是否越高越好？

实验七
过氧化氢含量的测定

一、实验目的

1. 了解测定过氧化氢含量的意义。
2. 掌握用高锰酸钾法测定过氧化氢含量的原理和方法。
3. 熟练使用草酸钠基准物质标定 $KMnO_4$ 溶液。

二、实验原理

过氧化氢又称为双氧水，化学式为 H_2O_2。H_2O_2 是一种强氧化剂，其水溶液可用于医用伤口消毒、环境消毒等。H_2O_2 既有氧化性也有还原性。

室温条件下，在稀硫酸溶液中 H_2O_2 能被 $KMnO_4$ 定量氧化生成氧气和水。因此，可用 $KMnO_4$ 标准溶液测定 H_2O_2 的含量。

$$5H_2O_2 + 2MnO_4^- + 6H^+ = 2Mn^{2+} + 5O_2\uparrow + 8H_2O \tag{1}$$

$KMnO_4$ 标准溶液常用草酸钠（$Na_2C_2O_4$）基准物质来标定。$Na_2C_2O_4$ 性质稳定，不含结晶水。用基准物质 $Na_2C_2O_4$ 标定 $KMnO_4$ 标准溶液的反应如下：

$$2MnO_4^- + 5C_2O_4^{2-} + 16H^+ = 2Mn^{2+} + 10CO_2\uparrow + 8H_2O \tag{2}$$

滴定过程需控制在 $70\sim80℃$、酸性和有 Mn^{2+} 催化作用下进行。滴定初期反应速率很慢，需逐滴加入 $KMnO_4$ 标准溶液，随着反应进行，逐渐形成的 Mn^{2+} 的催化作用使反应速率逐渐加快。$KMnO_4$ 溶液本身为紫红色，滴定时 $KMnO_4$ 溶液稍微过量，即可发现，所以可利用 $KMnO_4$ 本身的颜色指示滴定终点，不需加其他指示剂。

市售的 H_2O_2 通常为 30%，极不稳定。在滴定前需要稀释以减少测量误差。但药用 H_2O_2 的质量分数很低，可以直接滴定而不需要稀释。

三、实验材料

1. 仪器及器具

电子天平，电炉，水浴锅，4号玻璃滤锅，称量瓶，酸式滴定管，量筒，棕色试剂瓶，锥形瓶，烧杯。

2. 试剂和药品

市售 H_2O_2 样品，固体 $KMnO_4$，基准试剂 $Na_2C_2O_4$（在 $105\sim110℃$ 干燥 2h，贮存于干燥器中备用），3mol/L 的 H_2SO_4 溶液。

四、实验步骤

1. 0.02mol/L 的 $KMnO_4$ 标准溶液的配制

称取 1.7g $KMnO_4$，置于一洁净烧杯中，加少量蒸馏水使其溶解。然后将 $KMnO_4$ 溶液移入洁净的棕色试剂瓶中，并用蒸馏水稀释至 500mL。摇匀，加塞。置于暗处静置 7 天。

取一洁净的 4 号玻璃滤锅对上述上层的溶液进行过滤，以除去沉淀杂质。将滤液贮存于洁净的棕色试剂瓶中，于暗处保存，待标定。

$KMnO_4$ 标准溶液配制后，如果将溶液缓慢煮沸并保持微沸 1h，待冷却后再用 4 号玻璃滤锅进行过滤除去沉淀等杂质，则不需要静置 7 天。

2. $KMnO_4$ 标准溶液的标定

准确称取 0.2g 左右经预先干燥过的基准试剂 $Na_2C_2O_4$ 3 份，分别置于 250mL 的洁净锥形瓶中，分别加 40mL 蒸馏水和 10mL 3mol/L 的 H_2SO_4 溶液，慢慢加热至有蒸汽冒出（温度为 $70\sim80℃$）。分别用配制好的 $KMnO_4$ 标准溶液进行滴定。开始时，要慢慢地逐滴滴定。等溶液中有 Mn^{2+} 产生后，可稍加快滴定速度，并不断摇动溶液。接近终点时，紫红色褪去很慢，需减慢滴定速度，并充分摇匀。最后滴加半滴 $KMnO_4$ 标准溶液，在摇匀后 30s 内微红色不褪时即为终点。记录 $KMnO_4$ 标准溶液的使用量。同时做空白实验。平行标定三次。

$KMnO_4$ 标准溶液的浓度按下式计算：

$$c = \frac{m \times 1000}{(V_1 - V_2)M} \tag{3}$$

式中　m——基准试剂 $Na_2C_2O_4$ 的质量，g；

　　　V_1——$KMnO_4$ 标准溶液的使用量，mL；

　　　V_2——空白实验 $KMnO_4$ 标准溶液的使用量，mL；

　　　M——基准试剂 $Na_2C_2O_4$ 的摩尔质量，g/mol；

　　　c——$KMnO_4$ 标准溶液的浓度，mol/L。

3. H_2O_2 含量的测定

移取 1mL 市售 H_2O_2 样品，置于 200mL 容量瓶中，用蒸馏水稀释至刻度线，摇匀。制备 H_2O_2 测试溶液。

移取 20mL 上述 H_2O_2 测试溶液，置于 250mL 锥形瓶中，加 20mL 蒸馏水、5.0mL 3mol/L 的 H_2SO_4 溶液。然后用 $KMnO_4$ 标准溶液滴定至溶液呈微红色，在 30s 内不褪色即为终点。记录所消耗的 $KMnO_4$ 标准溶液的体积。平行测定三次。测定市售 H_2O_2 溶液中过氧化氢含量。

五、注意事项

1. $KMnO_4$ 作为氧化剂时，需要在 H_2SO_4 酸性溶液中进行的，不能用 HNO_3 或 HCl 来控制酸度。

2. 用 $KMnO_4$ 标准溶液滴定时，$KMnO_4$ 溶液颜色较深，不易观察到溶液在滴定管中的弯月面最低点，可以以滴定管液面最高线为准进行读数。

3. 在标定 $KMnO_4$ 标准溶液时，温度范围为 70~80℃。溶液温度不能过高或过低。

六、实验结果

1. 测定 $KMnO_4$ 标准溶液的准确浓度。
2. 测定市售 H_2O_2 溶液中过氧化氢含量。

七、思考题

1. 用 $KMnO_4$ 法测定 H_2O_2 含量时，为什么要在 H_2SO_4 酸性溶液中进行而不能在盐酸或硝酸溶液中进行？

2. 通过用 $KMnO_4$ 标准溶液测定 H_2O_2 含量的基本原理是什么？

3. 高锰酸钾法滴定 H_2O_2 实验过程的不同阶段，为何要控制滴定速度？

4. 如果高浓度的 H_2O_2 溶液不经稀释，直接用 $KMnO_4$ 标准溶液测定时会有什么后果？

实验八
铁的比色测定

一、实验目的

1. 了解分光光度计的性能和使用方法。
2. 掌握邻菲咯啉吸光光度法测定铁的方法和原理。
3. 学习标准曲线的绘制及在试样测定中的应用。

二、实验原理

采用可见分光光度法测定无机离子包括显色过程和测量过程。先将待测离子与显色剂反应，使之转化为有色化合物后用分光光度法进行测定。在选定显色剂后，确定显色反应的最佳条件。

邻菲咯啉是测定微量铁的较好显色剂。亚铁离子在 pH 为 3～9 时与邻菲咯啉生成稳定的橙红色配合物 $[Fe(C_{12}H_8N_2)_3]^{2+}$，该橙红色配合物的最大吸收波长为 510nm。溶液中的 Fe^{3+} 可用盐酸羟胺（$NH_2OH \cdot HCl$）还原为亚铁离子，故可测定总铁含量。该方法具有简便、快速、选择性高的优点。

三、实验材料

1. 仪器及器具

电子天平，分光光度计，镜头纸，滤纸，容量瓶（50mL、250mL、500mL），移液管，移液器，100mL 烧杯。

2. 试剂及药品

2mol/L 的 HCl 溶液，1mol/L 的 NaAc 溶液，0.15％邻菲咯啉溶液，10％盐酸羟胺（现用现配），分析纯 $NH_4Fe(SO_4)_2 \cdot 12H_2O$，刚果红试纸，含铁水样。

四、实验步骤

1. 铁标准溶液的配制

（1）100mg/L 铁标准溶液的配制

准确称取 0.4318g 分析纯 $NH_4Fe(SO_4)_2 \cdot 12H_2O$ 于洁净 100mL 烧杯中，加 15mL 的 2mol/L HCl 溶液使其溶解，移入 500mL 容量瓶中，用蒸馏水稀释至刻度线，摇匀。

（2）10mg/L 铁标准使用溶液的配制

吸取 25mL 的 100mg/L 铁标准溶液于 250mL 容量瓶中，用蒸馏水稀释至刻度线，摇匀。

2. 标准曲线的绘制

取 5 只 50mL 容量瓶，分别准确加入 2.00mL、4.00mL、6.00mL、8.00mL、10.00mL 的 10mg/L 铁标准使用溶液；分别加入 1mL 盐酸羟胺（10%）溶液，摇匀；再分别加入 5mL 的 NaAc 溶液（1mol/L）、2mL 邻菲咯啉溶液（0.15%），摇匀；最后分别用蒸馏水稀释至刻度线，摇匀。

在 510nm 波长下，用 1cm 比色皿，以试剂空白作参比溶液测定各容量瓶溶液的吸光度。以铁含量为横坐标、相对应的吸光度为纵坐标绘制标准曲线。

3. 总铁的测定

吸取 25.00mL 被测水样置于 50mL 容量瓶中。加入 1mL 盐酸羟胺（10%）溶液，摇匀；再加入 5mL 的 NaAc 溶液（1mol/L）、2mL 邻菲咯啉溶液（0.15%），摇匀；最后用蒸馏水稀释至刻度线，摇匀。

在 510nm 波长下，用 1cm 比色皿，以试剂空白作参比溶液测定其吸光度。从标准曲线上查得相应铁的含量（mg/L）。

4. Fe^{2+} 的测定

吸取 25.00mL 被测试液置于 50mL 容量瓶中。加入 5mL 的 NaAc 溶液（1mol/L）、2mL 邻菲咯啉溶液（0.15%），摇匀；然后用蒸馏水稀释至刻度线，摇匀。

在 510nm 波长下，用 1cm 比色皿，以试剂空白作参比溶液测定其吸光度。从标准曲线上查得相应铁的含量（mg/L）。

五、注意事项

1. 分光光度计使用前必须预热 30min，等稳定后才能使用。
2. 同一实验数据，必须在同一台分光光度计上进行测量，使用配套比色皿。
3. 测定样品吸光度前，必须摇匀才能测量。
4. 测定样品时，各种试剂的加入必须按规定顺序进行。

六、实验结果

将标准曲线的实验数据记录于表 7。

表 7 标准曲线测定

序号	标准溶液加入量/mL	吸光度	Fe 含量/(mg/L)
1	2.00		
2	4.00		
3	6.00		
4	8.00		
5	10.00		

将铁含量测定的实验数据记录于表 8。

表 8 铁含量测定

序号	体积/mL	吸光度	Fe 含量/(mg/L)
1			
2			
3			

七、思考题

1. 当试液测得的吸光度不在标准曲线范围内时，如何处理？

2. 测定标准曲线和样品的吸光度时，可以用蒸馏水作参比溶液吗？为什么？本实验中如何确定参比溶液？

3. 用邻菲啰啉测定试液中铁含量时，有哪些干扰因素？如何消除这些干扰？

4. 亚铁离子与邻菲啰啉反应的最佳 pH 范围为 3～9，当试液的酸性很强时，如何提高其 pH？

实验九

含Cr（Ⅵ）废液的测定及处理

一、实验目的

1. 了解含铬废液的常用处理方法。
2. 学习用比色法测定 Cr（Ⅵ）的原理和方法。

二、实验原理

含铬废液中铬的存在形式为 Cr（Ⅵ）和 Cr^{3+}，三价铬和六价铬可以相互转化。其中 Cr（Ⅵ）的毒性比 Cr^{3+} 大 100 倍，易被人体吸收并在体内蓄积，其代谢和被清除的速度很慢。

含铬废液的处理方法有铁氧体法、硫酸亚铁或二氧化硫还原法、离子交换法等。本实验采用硫酸亚铁还原法处理含 Cr（Ⅵ）废液。

在含 Cr（Ⅵ）废液中加入过量的 $FeSO_4$ 溶液，使废液中的 Cr（Ⅵ）还原为 Cr^{3+} 的同时亚铁离子被氧化为 Fe^{3+}。通过调整溶液的 pH，使 Cr^{3+} 和 Fe^{3+} 转化为氢氧化物沉淀。

$$Cr_2O_7^{2-} + 6Fe^{2+} + 14H^+ \Longrightarrow 2Cr^{3+} + 6Fe^{3+} + 7H_2O$$

溶液中微量的 Cr（Ⅵ）可用比色法测定。常用的显色剂为二苯碳酰二肼，显色时间为 2～3min。在微酸性条件下生成紫红色配合物，最大吸收波长为 540nm。根据颜色深浅进行比色即可测定废水中 Cr（Ⅵ）含量。

三、实验材料

1. 仪器及器具

分光光度计，电子天平，比色皿，50mL 容量瓶，移液管，移液器，吸量管，锥形瓶，酒精灯或本生灯，温度计，漏斗，蒸发皿。

2. 试剂和药品

含铬废液。去离子水。

$K_2Cr_2O_7$（经120℃烘干至恒重后保存在干燥器中，备用），0.05mol/L的硫酸亚铁铵，2g/L的二苯碳酰二肼溶液（现用现配），6mol/L的NaOH溶液，6mol/L的H_2SO_4溶液，浓硫酸，磷酸，1%二苯胺磺酸钠指示剂，$FeSO_4 \cdot 7H_2O$。

四、实验步骤

1. 各种使用溶液的配制

（1）Cr(Ⅵ)标准溶液的配制

准确称取0.2829g预先烘干的$K_2Cr_2O_7$置于100mL烧杯中，加少量蒸馏水使其溶解后，定量移入1000mL容量瓶中。用蒸馏水稀释定容至刻度线，摇匀。该溶液为100mg/L的Cr(Ⅵ)贮备溶液。

准确移取10.00mL上述Cr(Ⅵ)贮备溶液于1000mL容量瓶中，用蒸馏水稀释至刻度线，制成1.0μg/mL的Cr(Ⅵ)标准溶液。

（2）2g/L的二苯碳酰二肼溶液的配制（现用现配）

称取0.5g二苯碳酰二肼，加入50mL的95%乙醇溶液，溶解后加入200mL 10%的H_2SO_4溶液，摇匀。该溶液极不稳定且见光易分解，需贮存于棕色瓶并置于冰箱中。

（3）硫磷混酸溶液的配制

将150mL浓硫酸加于300mL蒸馏水中混合、冷却。再加入150mL磷酸，然后用蒸馏水稀释至1000mL。

2. 含铬废液的处理

检测含铬废液的酸碱性。若为中性或碱性，用6mol/L的H_2SO_4溶液将其调至弱酸性。

取100mL的上述弱酸性的含铬废液置于250mL的烧杯中，滴加几滴1%二苯胺磺酸钠指示剂后溶液呈紫红色。向其中慢慢加入固体$FeSO_4$或$FeSO_4$饱和溶液并充分搅拌，直至溶液变为绿色。再继续加入过量约2%的$FeSO_4$。加热，继续搅拌10min。

逐滴滴加6mol/L的NaOH溶液于上述热溶液中，调节溶液pH为8左右。将溶液继续加热至70℃左右，不断搅拌下滴加10滴3%H_2O_2溶液。冷却后静置，使形成的氢氧化物沉淀下来。对上清液进行过滤，然后将滤液置于一个干净烧杯中。将沉淀物用去离子水洗涤数次，把沉淀物转移到蒸发皿中，用小火加热至蒸发干。

3. Cr(Ⅵ)含量的测定

（1）$K_2Cr_2O_7$标准曲线的绘制

分别准确移取1.0μg/mL的Cr(Ⅵ)标准溶液0.00mL、0.50mL、1.00mL、2.00mL、4.00mL、6.00mL、8.00mL、10.00mL置于50mL容量瓶中，分别向每一个容量瓶中加入0.5mL硫磷混酸、30mL去离子水、1.5mL二苯碳酰二肼溶液。然后用去离子水稀释至刻度线，摇匀，静置10min。以空白试剂为参比溶液，在540nm波长处测定各溶液的吸光度A，绘制标准曲线。

（2）Cr(Ⅵ)含量的测定

取一50mL容量瓶，准确加入含铬废液或经处理后的滤液10.00mL，加入0.5mL硫磷混酸、1.5mL二苯碳酰二肼溶液，用去离子水稀释至刻度线，摇匀，静置10min。用同样的方法测定其在 540nm 波长处的吸光度。

根据测定的吸光度，在标准曲线上查出相对应的 Cr(Ⅵ) 质量（μg），然后计算含铬废液或经处理后的滤液中 Cr(Ⅵ) 含量（mg/L）。

五、注意事项

1. 采用比色法测定六价铬实验中所用的玻璃器皿必须光滑洁净，以免吸附铬离子。所用的玻璃器皿不能用重铬酸钾洗液进行洗涤。

2. 有效的二苯碳酰二肼溶液应该是近无色，当其颜色变为棕色后，应该重新配制。

3. Cr(Ⅵ) 的还原需在酸性条件下进行，所以含铬废水处理前需要用 6mol/L 的 H_2SO_4 溶液将其调至弱酸性。

六、实验结果

将 $K_2Cr_2O_7$ 标准曲线测定数据记录于表 9。

表 9　$K_2Cr_2O_7$ 标准曲线测定数据

序号	标准溶液加入量/mL	吸光度	Cr(Ⅵ) 含量/(mg/L)
1	0.00		
2	0.50		
3	1.00		
4	2.00		
5	4.00		
6	6.00		
7	8.00		
8	10.00		

将含铬废液或滤液的实验测定数据记录于表 10。

表 10　含铬废液或滤液的实验测定数据

序号	体积/mL	吸光度	Cr(Ⅵ) 含量/(mg/L)
1			
2			
3			

七、思考题

1. 采用比色法测定六价铬实验中所用的所有玻璃器皿不能用重铬酸钾洗液进行洗涤，那可以用什么溶液来洗涤？

2. 处理含铬废液过程中如何控制 pH？如果控制不好，有什么影响？

3. 用比色法测定六价铬时，如何消除 Fe^{3+}、Fe^{2+} 的干扰？

实验十

化学反应速率和活化能的测定

一、实验目的

1. 掌握测定化学反应速率和活化能的基本原理和实验方法。
2. 学习 $(NH_4)_2S_2O_8$ 与 KI 反应的反应速率的测定。
3. 了解浓度、温度和催化剂对反应速率的影响。
4. 学习实验数据的处理方法，通过作图进行求解。

二、实验原理

化学反应速率就是化学反应进行的快慢程度，通常用单位时间内反应物浓度的减少或生成物浓度的增加来表示。

在水溶液中，$(NH_4)_2S_2O_8$ 氧化 KI 的反应式为：

$$(NH_4)_2S_2O_8 + 3KI \Longrightarrow (NH_4)_2SO_4 + K_2SO_4 + KI_3 \tag{1}$$

$$S_2O_8^{2-} + 3I^- \Longrightarrow 2SO_4^{2-} + I_3^-$$

该反应的平均反应速率与反应物浓度的关系可用下式表示：

$$v = \frac{-\Delta c(S_2O_8^{2-})}{\Delta t} \approx kc^m(S_2O_8^{2-})c^n(I^-)$$

式中，$\Delta c(S_2O_8^{2-})$ 为 Δt 时间内 $S_2O_8^{2-}$ 浓度的改变值；$c(S_2O_8^{2-})$、$c(I^-)$ 分别为两种离子初始浓度；k 为反应速率常数；m 和 n 为反应级数。

测定 $S_2O_8^{2-}$ 时，在 $(NH_4)_2S_2O_8$ 和 KI 的混合溶液中，同时加入一定体积已知浓度的 $Na_2S_2O_3$ 溶液。在反应（1）进行的同时，加入的 $Na_2S_2O_3$ 与 KI_3 进行如下反应：

$$2S_2O_3^{2-} + I_3^- \Longrightarrow S_4O_6^{2-} + 3I^- \tag{2}$$

反应（2）进行得非常快，而反应（1）进行得较慢。反应（1）生成的 I_3^- 立刻与加入的 $S_2O_3^{2-}$ 反应生成无色的 $S_4O_6^{2-}$ 和 I^-。在 $S_2O_3^{2-}$ 耗尽之前，反应系统中没有 I_3^-，故看不到碘与淀粉作用而显示出来的蓝色。当加入的 $Na_2S_2O_3$ 耗尽后，反应（1）继续生成的 I_3^- 立即使淀粉溶液显示蓝色，蓝色的出现意味着反应（2）已经完成。

根据反应式（1）和反应式（2）的计量关系，$S_2O_8^{2-}$ 浓度的减少量为 $S_2O_3^{2-}$ 减少量的 1/2，即存在如下关系：

$$\Delta c(S_2O_8^{2-}) = \frac{\Delta c(S_2O_3^{2-})}{2}$$

实验中准确记录从反应开始到溶液出现蓝色所需要的时间 Δt，可以近似计算出反应（1）的平均反应速率。对速率方程两边取对数，可得：

$$\lg v = m\lg c(S_2O_8^{2-}) + n\lg c(I^-) + \lg k$$

设计一组实验，保持 $c(I^-)$ 不变时改变 $c(S_2O_8^{2-})$。分别测定反应速率 v，然后以 $\lg v$ 对 $\lg c(S_2O_8^{2-})$ 作图，可求出 m 值。

同理，设计另一组实验，改变 $c(I^-)$ 而保持 $c(S_2O_8^{2-})$ 不变。分别测定反应速率 v，然后以 $\lg v$ 对 $\lg c(I^-)$ 作图，可求出 n 值。

将 m 和 n 值代入速率方程，即可求得速率常数 k。

温度对反应速率常数的影响可由阿仑尼乌斯经验式表达：

$$\ln k = -\frac{E_a}{RT} + B$$

式中　k——反应的速率常数；

　　　E_a——反应的活化能，J/mol；

　　　R——摩尔气体常量，J/(mol·K)；

　　　T——温度，K；

　　　B——给定反应的特征常数。

设计一组实验，测定不同温度 T 时的速率常数 k 值，然后以 $\ln k$ 对 $1/T$ 作图，可求得活化能 E_a。

三、实验材料

1. 仪器及器具

电子天平，温度计，秒表，恒温水浴锅，量筒，移液器，玻璃棒，烧杯，标签纸等。

2. 试剂及药品

0.20mol/L 的 $(NH_4)_2S_2O_8$ 溶液，0.20mol/L 的 KI 溶液，0.010mol/L 的 $Na_2S_2O_3$ 溶液，0.20mol/L 的 KNO_3 溶液，0.20mol/L 的 $(NH_4)_2SO_4$ 溶液，0.020mol/L 的 $Cu(NO_3)_2$ 溶液，淀粉指示剂（0.4%淀粉溶液），0.2mol/L 的 EDTA 溶液。

四、实验步骤

1. 底物浓度对反应速率的影响

取五只洁净干燥的 150mL 烧杯，贴上实验编号标签。

在室温下，按照表 11 分别准确量取相应体积的 KI 溶液、淀粉溶液、$Na_2S_2O_3$ 溶液、

KNO_3 溶液和（NH_4）$_2SO_4$ 溶液到洁净干燥的 150mL 烧杯中，摇匀。然后分别准确量取相应体积的（NH_4）$_2S_2O_8$ 溶液，快速加入对应烧杯中，立即开启秒表进行计时并不断地摇荡溶液。当溶液刚出现蓝色时，停止计时，记录反应时间。

表 11　底物浓度对反应速率的影响

项目	实验编号				
	1	2	3	4	5
（NH_4）$_2S_2O_8$ 溶液用量/mL	20	10	5	20	20
KI 溶液用量/mL	20	20	20	10	5
$Na_2S_2O_3$ 溶液用量/mL	8	8	8	8	8
淀粉溶液用量/mL	2	2	2	2	2
（NH_4）$_2SO_4$ 溶液用量/mL	0	10	15	0	0
KNO_3 溶液用量/mL	0	0	0	10	15

2. 温度对反应速率的影响

按表 11 中实验编号 4 的各试剂用量，将相应体积的 KI 溶液、淀粉溶液、$Na_2S_2O_3$ 溶液和 KNO_3 溶液加入 150mL 烧杯中，将（NH_4）$_2S_2O_8$ 溶液加入一大试管中。将它们放在冰水浴中进行冷却。待其均冷却到 0℃时，按上述相同实验方法，记录 0℃时反应所需的时间。

按表 11 中实验编号 4 的各试剂用量，再做比室温高 10℃、高 20℃的实验。分别记录反应所需时间。计算化学反应的活化能。

3. 催化剂对反应速率的影响

按表 11 中实验编号 4 的各试剂用量，将相应体积的 KI 溶液、淀粉溶液、$Na_2S_2O_3$ 溶液和 KNO_3 溶液加入 150mL 烧杯中，再加入 2 滴 0.020mol/L 的 $Cu(NO_3)_2$ 溶液，搅拌均匀。然后将（NH_4）$_2S_2O_8$ 溶液迅速加入烧杯中，立即开启秒表进行计时并不断地摇荡溶液。当溶液中刚出现蓝色时，停止计时，记录反应时间。

五、注意事项

1. 反应的计时一定要迅速、准确。
2. 不同实验中要准确加入溶液，加入的 $Na_2S_2O_3$ 溶液尤其需准确。
3. 每次实验的搅拌等条件尽可能一致。
4. 反应的温度需要用温度计测量，不能用水浴锅上显示的温度作为记录。
5. 本实验所用的试剂中混有少量 Cu^{2+}、Fe^{3+} 等杂质对反应有催化作用，需要滴加几滴 0.2mol/L 的 EDTA 溶液以消除其影响。

六、实验结果

1. 分别计算各个实验的平均反应速率，并求反应级数和速率常数 k。
2. 分别计算不同温度下平均反应速率以及速率常数 k，并求反应的活化能。
3. 根据实验结果讨论底物浓度、温度、催化剂对反应速率以及速率常数的影响。

七、思考题

1. 在向已经加有 KI 溶液、淀粉溶液、$Na_2S_2O_3$ 溶液的烧杯中加（NH_4）$_2S_2O_8$ 溶液时，为什么要快速加入？

2. 在进行底物浓度对反应速率影响的不同编号实验烧杯中，为什么有的加有 KNO_3 溶液而有的没有加？

3. 本实验中出现蓝色的时间为实验反应时间，可用来计算反应速率，请解释原因。

4. 本实验中除了以反应底物 $S_2O_8^{2-}$ 的浓度变化来计算化学反应速率，也可以以 I^- 的浓度变化来计算吗？两者求得的反应速率相同吗？为什么？

实验十一

氧化还原反应

一、实验目的

1. 熟悉常见的几种氧化剂和还原剂的性能。
2. 了解影响氧化还原反应的因素。
3. 了解原电池的装置，并能定性地比较一些电极反应的电极电势。

二、实验原理

利用氧化还原反应产生电流的装置，称为原电池，将化学能转变成电能。原电池的原理是氧化还原反应中还原剂失去的电子经外接导线传递给氧化剂，使氧化还原反应分别在两个电极上进行。正极发生还原反应，得到电子；负极发生氧化反应，失去电子。物质在溶液中失去电子能力的强弱取决于氧化还原电对的电极电势大小，电极电势越大，氧化性物质的氧化能力越强，而还原性物质的还原能力越弱。所以可根据氧化还原电对电极电势的相对大小来判断电对中氧化型或还原型物质的氧化能力或还原能力的强弱。电极电势的大小与物质的形状、参与反应物质的浓度、反应温度、介质酸度等条件有关。

氧化还原反应进行的方向可根据氧化剂与还原剂的电极电势值大小判断。当氧化剂电对的电势大于还原剂电对的电势时，反应才可以进行。

任何一个氧化还原反应，理论上是可以设计成原电池，其中电极电势小的电对构成负极，电极电势大的电对构成正极。电势常用的符号为 φ，在国际单位制中的单位是伏特（V）。组成原电池的电动势为 E［即 $E = \varphi(+) - \varphi(-)$］。例如锌铜电池，电解质溶液锌端和铜端分别为硫酸锌和硫酸铜，可产生电势差。从负极 Zn 失去的电子沿着外接导线移向正极 Cu。中间盐桥中的负电荷从 $CuSO_4$ 的一端沿着盐桥移向 $ZnSO_4$ 的一端。

本实验采用 pH 计的毫伏部分测量原电池的电动势。

三、实验材料

1. 仪器及器具

pH 计，导线，电极架，盐桥，50mL 烧杯（或粗试管），试管，玻璃棒，酒精灯（或本生灯）。

2. 试剂和药品

浓氨水，3mol/L 的 H_2SO_4，1%淀粉溶液，6mol/L 的 NaOH，CCl_4，0.01mol/L 的 $KMnO_4$ 溶液，0.5%酚酞指示剂，滤纸，pH 试纸，锌片，铜片，琼脂，饱和 KCl 溶液。

0.1mol/L 的溶液：$ZnSO_4$、$CuSO_4$、$SnCl_2$、$FeCl_3$、KI、$K_2Cr_2O_7$、$Pb(NO_3)_2$、Na_2S、$Fe(NH_4)(SO_4)_2$、KIO_3。

四、实验步骤

1. 原电池的装置及电动势的测定

（1）取两只干净的 50mL 小烧杯。向其中一个小烧杯中加入 15mL 0.1mol/L 的 $ZnSO_4$ 溶液，插入一锌片；另一个烧杯中加入 15mL 0.1mol/L 的 $CuSO_4$ 溶液，插入一铜片。

（2）用盐桥将两烧杯中溶液连接起来组成原电池。

（3）用导线将铜电极连接到 pH 计的正极，将锌电极连接到 pH 计的负极。测定原电池 $Zn|ZnSO_4\|CuSO_4|Cu$ 的电动势。

（4）在加有 0.1mol/L 的 $CuSO_4$ 溶液的烧杯中，边搅拌边加入浓氨水至生成的沉淀全部被溶解成深蓝色的 $[Cu(NH_3)_4]^{2+}$。测定原电池 $Zn|ZnSO_4\|Cu(NH_3)_4SO_4|Cu$ 的电动势。

（5）在加有 0.1mol/L 的 $ZnSO_4$ 溶液的烧杯中，边搅拌边加入浓氨水至生成的沉淀全部被溶解成 $[Zn(NH_3)_4]^{2+}$。测定原电池 $Zn|Zn(NH_3)SO_4\|CuSO_4|Cu$ 的电动势。

对比上述三次测定的电动势值。

2. 几种常见氧化还原反应

（1）Fe^{2+} 的还原性和 Fe^{3+} 的氧化性实验

取一洁净试管，加入 5 滴 0.1mol/L 的 $FeCl_3$ 溶液。逐滴加入 0.1mol/L 的 $SnCl_2$ 溶液，边滴加边摇动，直到溶液的黄色消失。此时溶液中的 Fe^{3+} 转化为 Fe^{2+}。继续逐滴滴加 3%的 H_2O_2 溶液，观察溶液颜色的变化。

（2）$KMnO_4$ 的氧化性和 KI 的还原性实验

取一洁净试管，加入 2 滴 0.1mol/L 的 KI 溶液、4 滴 3mol/L 的 H_2SO_4 和 1mL 蒸馏水。然后滴加 $KMnO_4$ 溶液直至溶液呈浅黄色，滴加 1 滴淀粉溶液结果溶液变为蓝色。然后逐滴加入 0.1mol/L 的 $SnCl_2$ 溶液，边滴加边摇动，直到溶液的蓝色消失。

（3）$K_2Cr_2O_7$ 的氧化性和 Na_2SO_3 的还原性实验

取一洁净试管，加入 5 滴 0.1mol/L 的 $K_2Cr_2O_7$ 溶液、2 滴 3mol/L 的 H_2SO_4 和数滴 0.1mol/L 的 Na_2SO_3 溶液，观察溶液颜色的变化。

（4）H_2O_2 的氧化性和还原性实验

取一洁净试管，加入 5 滴 0.1mol/L 的 $Pb(NO_3)_2$ 溶液，再滴入几滴 0.1mol/L 的 Na_2S

溶液至生成黑色 PbS 沉淀。在黑色 PbS 沉淀物上滴加几滴 H_2O_2，并稍加热，观察颜色的变化。

取一洁净试管，加入 5 滴 0.01mol/L 的 $KMnO_4$ 溶液和 2 滴 3mol/L 的 H_2SO_4，加入数滴 H_2O_2，H_2O_2 被水解并逸出氧气，试管中的紫色褪去生成无色的 Mn^{2+} 溶液。

3. 影响氧化还原反应的因素

（1）浓度对氧化还原反应的影响

取一洁净试管，先加入 0.5mL 0.1mol/L 的 $Fe(NH_4)(SO_4)_2$ 溶液、0.5mL 0.1mol/L 的 KI 溶液和 0.5mL CCl_4 溶液，摇匀，观察 CCl_4 层的颜色。然后再加入 1mL 3mol/L 的 NH_4F 溶液，充分振荡，观察 CCl_4 层的颜色。

（2）介质对氧化还原反应的影响

取一洁净试管，先加入 10 滴 0.1mol/L 的 KI 溶液和几滴 3mol/L 的 H_2SO_4 溶液。然后逐滴滴加 0.1mol/L 的 KIO_3 溶液，振荡，观察实验现象。再逐滴加入 6mol/L 的 NaOH 溶液，振荡，观察实验现象。

五、注意事项

1. 测定原电池的电动势时不能用一般的伏特计。

2. 实验中需注意某些反应介质的条件控制。

3. 制备盐桥时，将 1g 琼脂加入 100mL 饱和 KCl 溶液中，需要浸泡片刻后再加热溶解，并趁热注入 U 形玻璃管中，注意不能有气泡。

六、实验结果

1. 对比原电池中三次测定的电动势值，说明配合物对电极电势的影响。

2. 观察 Fe^{2+} 的还原性和 Fe^{3+} 的氧化性实验中溶液颜色的变化，并说明原因。

3. 解释 $KMnO_4$ 的氧化性和 KI 的还原性实验中颜色的变化原因。

4. 在 $K_2Cr_2O_7$ 的氧化性和 Na_2SO_3 的还原性实验中颜色是如何变化的？并说明原因。

5. 在 H_2O_2 的氧化性和还原性的实验中，解释颜色变化的原因。

6. 解释浓度、介质对氧化还原反应的影响实验中实验现象。

七、思考题

1. H_2O_2 为什么既可作为氧化剂又可作为还原剂？

2. 为什么测定原电池的电动势时不用一般的伏特计？

3. 本实验中在组成原电池时如何制备盐桥？

实验十二
硫酸亚铁铵的制备

一、实验目的

1. 学习硫酸亚铁铵的制备。
2. 掌握水浴加热、过滤、蒸发和结晶等基本操作。
3. 了解检验产品纯度的目视比色法。
4. 学会无机物制备的投料、产量和产率的相关计算。

二、实验原理

硫酸亚铁铵为浅蓝绿色结晶或粉末，能溶于水，难溶于乙醇。在空气中硫酸亚铁铵比硫酸亚铁稳定，可作为制取其他铁化合物的原料。硫酸亚铁铵常被用作 Fe^{2+} 的基准物质，常被用作标定重铬酸钾、高锰酸钾等溶液的标准物质。

在一定温度（0～60℃）范围内，硫酸亚铁铵的溶解度比硫酸铵、硫酸亚铁的溶解度都要小，容易从硫酸亚铁和硫酸铵混合溶液中制得结晶的硫酸亚铁铵。制备硫酸亚铁铵时，先用碱溶液将铁屑洗净，然后用过量硫酸将其溶解；再加入稍过量的硫酸铵饱和溶液，小火蒸发溶剂直到晶膜出现后，停火并在余热作用下将溶剂蒸发掉；最后进行过滤并用少量乙醇洗涤而获得产品。

$$Fe + H_2SO_4 \Longrightarrow FeSO_4 + H_2 \uparrow$$
$$FeSO_4 + (NH_4)_2SO_4 + 6H_2O \Longrightarrow (NH_4)_2FeSO_4 \cdot 6H_2O$$

三、实验材料

1. 仪器及器具

电子天平，水浴锅，抽滤瓶，循环水式真空泵，布氏漏斗，滤纸，洗瓶，蒸发皿，表面皿，酒精灯，烧杯，量筒，玻璃棒，锥形瓶，移液管，比色管，比色架。

2. 试剂和药品

铁屑，3mol/L 的 H_2SO_4 溶液，3mol/L 的 HCl 溶液，10％Na_2CO_3 溶液，95％乙醇，固体 $(NH_4)_2SO_4$，固体 $NH_4Fe(SO_4)_2 \cdot 12H_2O$，1mol/L 的 KSCN 溶液，不含氧的蒸馏水。

四、实验步骤

1. 铁屑的预处理

称取 2g 铁屑，置于一小烧杯中，加入 10mL 的 10％Na_2CO_3 溶液；小火加热约 10min 以除去铁屑表面的油污，倾去溶液，然后用蒸馏水冲洗铁屑至中性。

2. 制备硫酸亚铁

将洗净的铁屑移入一洁净锥形瓶中，加入 10mL 3mol/L 的 H_2SO_4 溶液，水浴加热至无气泡冒出为止。铁屑与 H_2SO_4 反应生成硫酸亚铁。过程中需多次取出锥形瓶摇荡并补充水分以便保持原有体积。

反应停止后，趁热进行减压过滤，并用少量热水洗涤锥形瓶、漏斗上残渣，将滤液转入蒸发皿。

收集铁屑残渣，用水冲洗干净，并用滤纸将其吸干，晾干后称重。根据已消耗的铁屑量计算理论上硫酸亚铁产量。

3. 制备硫酸亚铁铵

按关系式 $n[(NH_4)_2SO_4] : n[FeSO_4] = 1 : 1$，称取所需的固体 $(NH_4)_2SO_4$ 配制成饱和溶液，将其加入上述硫酸亚铁溶液中。此时溶液 pH 应接近于 1，当 pH 偏大时需滴加几滴 3mol/L 的硫酸进行调节。将溶液在水浴上蒸发浓缩至表面出现结晶薄膜为止。自然冷却，然后减压过滤以除去母液。用少量乙醇洗涤，将晶体转移至表面皿上，晾干。称重并计算产率。

4. Fe^{3+} 的限量分析

(1) Fe^{3+} 标准溶液的配制

称取 0.8634g 的 $NH_4Fe(SO_4)_2 \cdot 12H_2O$ 于一烧杯中，加不含氧的少量蒸馏水使其溶解，并加 2.5mL 3mol/L 的硫酸溶液。定量移入 1000mL 容量瓶中，用不含氧的蒸馏水稀释至刻度线。此溶液中 Fe^{3+} 的浓度为 0.1000g/L。

(2) 标准色阶的配制

取一支洁净的 25mL 比色管，向其中加入 0.50mL Fe^{3+} 标准溶液；再加入 2mL 3mol/L 的 HCl 溶液和 1mL 1mol/L 的 KSCN 溶液。最后用不含氧的蒸馏水稀释至刻度线，得到的 25mL 溶液中含 Fe^{3+} 为 0.05mg，该溶液为一级试剂的标准液。

用同样的方法，分别取 1.00mL 和 2.00mL Fe^{3+} 标准溶液配制成相当于二级和三级试剂的标准液，即 25mL 溶液中 Fe^{3+} 的含量为 0.10mg 和 0.20mg。

(3) 产品级别的确定

称取 1.00g 上述实验中制得的硫酸亚铁铵产品，加入一洁净的 25mL 比色管中。加入 15mL 不含氧的蒸馏水使其全部溶解。再加入 2mL 3mol/L 的 HCl 溶液和 1mL 1mol/L 的

KSCN 溶液。然后用不含氧的蒸馏水稀释至刻度线，摇匀。将其与标准色阶进行比色，确定产品级别。

五、注意事项

1. Fe^{3+} 的限量分析实验中，配制硫酸亚铁铵溶液时需要使用不含氧的蒸馏水。
2. 制备硫酸亚铁时，铁屑与硫酸作用过程需要在通风橱中进行。
3. 铁屑预处理去除油污时，溶液不能蒸干。
4. 制备硫酸亚铁溶液时，水浴温度不能过高并要适当补充水分。

六、实验结果

产品外观：_____；产量：_____；产率：_____。
产品检验：属于_____级别。

七、思考题

1. 铁屑与硫酸的反应过程中，为什么要补充水分？
2. 当蒸发浓缩硫酸亚铁时，溶液变黄是什么原因造成的？如何处理？
3. 铁屑预处理去除油污时，用 $10\%Na_2CO_3$ 溶液清洗后为什么又要水洗？
4. 制备硫酸亚铁铵晶体时，为什么溶液 pH 应接近于 1？蒸发浓缩时是否要进行搅拌？

实验十三
硫代硫酸钠标准溶液的配制与标定

一、实验目的

1. 掌握硫代硫酸钠标准溶液的配制。
2. 掌握硫代硫酸钠标准溶液的标定原理和方法。
3. 学习置换滴定法的原理及其操作。
4. 学习碘量法的基本原理及其应用。

二、实验原理

碘量法是应用比较广泛的一种氧化还原滴定法。碘量法的反应为：

$$2S_2O_3^{2-} + I_2 \Longrightarrow S_4O_6^{2-} + 2I^- \qquad (1)$$

碘量法中使用的标准溶液可以是硫代硫酸钠溶液也可以是碘液。但 I_2 的挥发性强，很难准确称量，用 I_2 直接配制碘液时不稳定。

配制好的 I_2 和 $Na_2S_2O_3$ 溶液经比较滴定，根据两者体积比可标定其中一种溶液的浓度，再计算出另一种溶液的浓度。$Na_2S_2O_3$ 溶液方便标定。通常市售的分析纯硫代硫酸钠试剂中含有杂质，又容易风化和潮解。配制好的硫代硫酸钠溶液不稳定，并容易分解。因此，不能直接配制硫代硫酸钠标准溶液，需要用基准物质进行标定。最常用于标定硫代硫酸钠标准溶液的基准物质为 $K_2Cr_2O_7$。

准确称取一定量的 $K_2Cr_2O_7$ 基准试剂配成溶液，加入过量的 KI。在酸性溶液中的反应为：

$$6I^- + Cr_2O_7^{2-} + 14H^+ \Longrightarrow 2Cr^{3+} + 3I_2 + 7H_2O \qquad (2)$$

生成的 I_2，立即用 $Na_2S_2O_3$ 标准溶液滴定：

$$2S_2O_3^{2-} + I_2 \Longrightarrow S_4O_6^{2-} + 2I^- \qquad (3)$$

结合式（2）和式（3）可知，$K_2Cr_2O_7$ 和 $Na_2S_2O_3$ 反应物质的量之比为 1∶6。根据滴

定时所消耗的 $Na_2S_2O_3$ 标准溶液体积和 $K_2Cr_2O_7$ 的质量可计算出 $Na_2S_2O_3$ 标准溶液的准确浓度。该方法称为间接碘量法。

三、实验材料

1. 仪器及器具

电子天平，50mL 酸式滴定管，50mL 碱式滴定管，锥形瓶，碘量瓶，移液管，试剂瓶，烧杯。

2. 试剂和药品

$K_2Cr_2O_7$ 基准物质（经 120℃下干燥至恒重，保存在干燥器中备用），$Na_2S_2O_3 \cdot 5H_2O$，KI，淀粉指示剂（0.5％淀粉溶液），Na_2CO_3，不含二氧化碳的蒸馏水（新煮沸并冷却的蒸馏水），2mol/L 的 HCl 溶液。

四、实验步骤

1. 0.1mol/L $Na_2S_2O_3$ 标准溶液的配制

称取 12.5g 的 $Na_2S_2O_3 \cdot 5H_2O$ 置于 1000mL 洁净烧杯中，加入 500mL 不含二氧化碳的蒸馏水，再加入 0.1g 的 Na_2CO_3。搅拌使其溶解后，移入棕色细口试剂瓶中，放置 1～2 周后再进行标定。

2. 0.05mol/L I_2 标准溶液的配制

称取 6.5g 的 I_2 和 12g KI 置于 1000mL 烧杯中，加少量蒸馏水使其溶解后，再加水稀释至 500mL。混匀，贮存于棕色细口试剂瓶中，静置于暗处。

3. 0.1mol/L $Na_2S_2O_3$ 标准溶液的标定

准确称取 0.15g 左右预先干燥过的 $K_2Cr_2O_7$ 基准物质置于一洁净 250mL 碘量瓶中，加 20mL 不含二氧化碳的蒸馏水使其溶解。再加入 2g KI 和 10mL 2mol/L 的 HCl 溶液，立即加碘量瓶塞，摇匀，瓶口加少量蒸馏水液封。于暗处静置 5min。加 50mL 不含二氧化碳的蒸馏水稀释后，立即用 $Na_2S_2O_3$ 标准溶液进行滴定，至溶液呈浅黄绿色时，加入 2mL 淀粉指示剂。继续用 $Na_2S_2O_3$ 标准溶液滴定至蓝色刚好消失并出现绿色，30s 不变色即为终点。记录消耗 $Na_2S_2O_3$ 标准溶液的体积，计算 $Na_2S_2O_3$ 标准溶液的准确浓度。

进行三次平行滴定。

4. $Na_2S_2O_3$ 和 I_2 溶液的比较滴定

准确移取 25.00mL 的 0.05mol/L I_2 标准溶液置于一洁净 250mL 锥形瓶中，加入 50mL 不含二氧化碳的蒸馏水。用已标定的 $Na_2S_2O_3$ 标准溶液进行滴定至溶液呈浅黄绿色时，加入 2mL 淀粉指示剂，继续滴定至溶液的蓝色刚好消失即为终点。记录消耗 $Na_2S_2O_3$ 标准溶液的体积，计算 I_2 标准溶液的准确浓度。

进行三次平行滴定。

五、注意事项

1. 实验结束后，剩余的碘溶液应倒入回收瓶中。

2. 碘应放在棕色瓶中避光保存，不能使用橡胶塞和软木塞。

3. 配制碘溶液时，必须等 I_2 完全溶解后才能转移。

4. 配制 $Na_2S_2O_3$ 标准溶液时需加入少量 Na_2CO_3。

5. 标定 $Na_2S_2O_3$ 标准溶液时，$K_2Cr_2O_7$ 与 KI 的反应不是立刻完成的，如果在稀溶液中反应进行得更慢。所以于暗处静置 5min 再进行稀释，然后用 $Na_2S_2O_3$ 标准溶液进行滴定。

6. 在临近终点前再加淀粉指示剂，不能过早加入。

六、实验结果

1. 计算 $Na_2S_2O_3$ 标准溶液的准确浓度。

2. 计算 I_2 标准溶液的准确浓度。

七、思考题

1. 配制 I_2 溶液时为什么要加入 KI？

2. 为什么 $Na_2S_2O_3 \cdot 5H_2O$ 不能直接用于配制标准溶液？

3. 配制硫代硫酸钠溶液时为什么要用刚煮沸冷却的蒸馏水？

4. 配制的硫代硫酸钠溶液为何要放置 1～2 周后才进行标定？

5. 配制 $Na_2S_2O_3$ 标准溶液时，为什么还加入少量的 Na_2CO_3？

6. 用 $K_2Cr_2O_7$ 基准物质标定 $Na_2S_2O_3$ 标准溶液时，加入 HCl 和过量 KI 的目的是什么？

实验十四
配合物的形成和性质

一、实验目的

1. 了解简单离子和配位离子的区别。
2. 熟悉几种不同类型配离子的形式及其形成过程。
3. 对比配离子的稳定性。
4. 了解配合物的一些应用。

二、实验原理

由中心原子（或离子）和几个配体分子（或离子）以配位键相结合而形成的复杂分子或离子，通常称为配位单元。配位化合物是指含有配位单元的化合物，简称配合物。其中心原子以比较稳定的结构单元组成，在水溶液中只有部分可解离为简单离子，而配位离子在水溶液中可全部解离。

配离子在溶液中的配合过程和解离过程存在着动态的配位平衡，一定条件下可发生平衡移动。在相互关联的配离子之间和沉淀物、氧化剂、还原剂、酸碱与配离子之间，在一定条件下可以相互转化。配合物的稳定性高，简单金属离子在形成配位离子后，其颜色、酸碱性、溶解性、氧化还原性等性质会发生很大的改变。可以利用生成有色配合物定性鉴定某些离子，或利用生成配合物掩蔽干扰离子，还可以用于混合离子的分离等。

三、实验材料

1. 仪器及器具

电子天平，试管，烧杯，量筒，过滤装置。

2. 试剂和药品

0.1mol/L 的 $NiSO_4$ 溶液，0.1mol/L 的 $BaCl_2$ 溶液，0.1mol/L 的 NaOH 溶液，1mol/L 的 $FeCl_3$ 溶液，2mol/L 的 $NH_3 \cdot H_2O$ 溶液，$K_2C_2O_4$ 饱和溶液，0.1mol/L 的 $CoCl_2$ 溶液，6mol/L 的氨水，3% 的 H_2O_2，0.1mol/L 的 KSCN 溶液，0.1mol/L 的 $K_3[Fe(CN)_6]$ 溶液，0.1mol/L 的 $NH_4Fe(SO_4)_2$ 溶液，0.1mol/L 的 $K_3[Fe(C_2O_4)_3]$ 溶液，2mol/L 的 NaOH 溶液，0.1mol/L 的 NH_4SCN 溶液，$(NH_4)_2C_2O_4$ 饱和溶液，0.1mol/L 的 $AgNO_3$ 溶液，0.1mol/L 的 NaCl 溶液，1mol/L 的 KBr 溶液，0.1mol/L 的 $Na_2S_2O_3$ 溶液，0.1mol/L 的 KI 溶液，0.1mol/L 的 $NiSO_4$ 溶液，2mol/L 的 NH_4Ac 溶液，1% 的二乙酰二肟乙醇溶液，0.1mol/L 的 $CoCl_2$ 溶液，2mol/L 的 NH_4F 溶液，戊醇，乙醇，固体 $H_2C_2O_4$。

四、实验步骤

1. 配离子的生成

（1）取两支洁净试管，向每支试管中滴加 2 滴 0.1mol/L 的 $NiSO_4$ 溶液，然后分别加入 2 滴 0.1mol/L 的 $BaCl_2$ 溶液和 2 滴 0.1mol/L 的 NaOH 溶液，观察各试管中的现象。

（2）取一支洁净试管，加入 0.50mL 的 1mol/L 的 $FeCl_3$ 溶液，加入 1mL 的 2mol/L 的 $NH_3 \cdot H_2O$ 溶液，再加入 2mL 的 $K_2C_2O_4$ 饱和溶液，加入少许固体 $H_2C_2O_4$ 和 2mL 乙醇，振荡试管，并观察试管内发生的现象。将产物 $K_3[Fe(C_2O_4)_3]$ 保留作为下面实验原料。

（3）取两支洁净试管，向每支试管中加入 5 滴 0.1mol/L 的 $CoCl_2$ 溶液，再加入 6mol/L 的氨水至生成的沉淀完全溶解。一支试管在空气中放置，另一支试管中滴加 2 滴 3% 的 H_2O_2，观察两支试管中颜色变化。

2. 简单离子和配位离子的区别

（1）取 3 支洁净试管，分别向其中加入 0.5mL 的 0.1mol/L 的 $FeCl_3$ 溶液、$NH_4Fe(SO_4)_2$ 溶液、$K_3[Fe(C_2O_4)_3]$ 溶液，每支试管中均加入 2 滴 0.1mol/L 的 KSCN 溶液，观察各试管中颜色。

（2）取两支洁净试管，分别向其中加入少量 0.1mol/L 的 $FeCl_3$ 溶液、$K_3[Fe(CN)_6]$ 溶液，然后分别向各试管中逐滴滴加少量 2mol/L 的 NaOH 溶液，观察两支试管中的现象。

3. 配离子稳定性的比较

（1）取一洁净试管，滴加 2 滴 0.1mol/L 的 $FeCl_3$ 溶液，逐滴滴加几滴 0.1mol/L 的 NH_4SCN 溶液，注意观察现象。再逐滴滴加 $(NH_4)_2C_2O_4$ 饱和溶液，观察颜色变化。并对比 Fe^{3+} 的两种配离子的稳定性。

（2）取一洁净试管，滴加 10 滴 0.1mol/L 的 $AgNO_3$ 溶液，加入 10 滴 0.1mol/L 的 NaCl 溶液，此时生成白色的 AgCl 沉淀，除去上清液。然后在不断摇动条件下滴加 6mol/L 的 $NH_3 \cdot H_2O$ 至沉淀刚好溶解。再滴加 10 滴 1mol/L 的 KBr 溶液，观察沉淀的形成，除去上清液。在不断摇动条件下再滴加 0.1mol/L 的 $Na_2S_2O_3$ 溶液使沉淀刚好溶解。再滴加 0.1mol/L 的 KI 溶液，观察形成的沉淀。

4. 配合物的应用

（1）Ni 离子的鉴定

取一洁净试管，滴加 2 滴 0.1mol/L 的 $NiSO_4$ 溶液和 2 滴 2mol/L 的 NH_4Ac 溶液混匀，

再加入 2 滴 1% 的二乙酰二肟乙醇溶液。观察实验现象。

（2）配合物的掩蔽效应

取一洁净试管，加入 2 滴 0.1mol/L 的 $CoCl_2$ 溶液和 2 滴 0.1mol/L 的 $FeCl_3$ 溶液，再滴加 10 滴饱和 NH_4SCN 溶液，观察实验现象。

然后在振荡条件下逐滴滴加 2mol/L 的 NH_4F 溶液，观察现象。再加入 0.5mL 戊醇，振荡试管，观察戊醇层颜色。

$Co(SCN)_4^{2-}$ 配离子溶于戊醇呈现蓝绿色。当存在 Fe^{3+} 时，蓝色会被 $Fe(SCN)^{2+}$ 的血红色掩蔽，此时加入 NH_4F，Fe^{3+} 生成无色的 FeF_6^{3-}，将 Fe^{3+} 的干扰消除掉。

五、注意事项

1. Ni 离子的鉴定实验中，需控制溶液为微酸性或微碱性。

2. 在制备配合物时，不能一次性加入过量配合剂，而是要逐滴滴加，否则观察不到生成的中间产物沉淀。

3. 在制备配合物时，要注意配合剂浓度。

六、实验结果

将配合物的形成及其性质的实验数据记录于表 12。

表 12　配合物的形成及其性质

实验项目	实验简单步骤	实验现象	反应式
配离子的生成			
简单离子和配位离子的区别			
配离子稳定性的比较			
配合物的应用			

七、思考题

1. 衣服被铁锈弄脏时，可用草酸洗干净，为什么？

2. 可用哪些不同类型的反应使 $Fe(SCN)^{2+}$ 的红色褪去？

3. 如何利用配合物鉴定 Ni^{2+}、Mg^{2+}？

实验十五
硫酸铜的提纯

一、实验目的

1. 了解硫酸铜提纯的原理和方法。
2. 学习溶解、过滤、蒸发和结晶等基本操作。

二、实验原理

无水硫酸铜为灰白色粉末，易吸水变为蓝绿色的五水合硫酸铜。五水合硫酸铜，俗称胆矾。硫酸铜是制备其他含铜化合物的重要原料。

将废铜料溶于加有氧化剂的稀硫酸中，其中铁等杂质被除去后重结晶得到硫酸铜。粗制硫酸铜中含有可溶性杂质和不溶性杂质。其中不溶性杂质可采用过滤法除去。可溶性杂质主要是 Fe^{2+}、Fe^{3+} 等，可通过分步沉淀原理，用氧化剂（例如 H_2O_2）将水中 Fe^{2+} 氧化为 Fe^{3+}，调节溶液 pH，将 Fe^{3+} 完全转变成 $Fe(OH)_3$ 沉淀析出而被除去。

$$2Fe^{2+} + H_2O_2 + 2H^+ =\!=\!= 2Fe^{3+} + 2H_2O$$
$$Fe^{3+} + 3H_2O =\!=\!= Fe(OH)_3\downarrow + 3H^+$$

上述去除铁杂质后的滤液经蒸发、浓缩，可获得五水合硫酸铜结晶，而其他微量的可溶性杂质留在母液中。

五水合硫酸铜经不同温度时可逐步脱水，完全脱水后可获得白色硫酸铜粉末。将获得的硫酸铜样品完全脱水后可计算出水合硫酸铜中结晶水的数目。

三、实验材料

1. 仪器及器具

电子天平，马弗炉，循环水式真空泵，减压抽滤瓶，布氏漏斗，定性滤纸，点滴板，酒精灯，三脚架，石棉网，蒸发皿，洗瓶，铁架台，玻璃漏斗，玻璃棒，坩埚，干燥器，容量瓶，烧杯等。

2. 试剂及药品

粗硫酸铜样品，2mol/L 的 H_2SO_4 溶液，2mol/L 的 HCl 溶液，2mol/L 的 NaOH 溶液，3% H_2O_2，6mol/L 的氨水，精密 pH 试纸，0.1mol/L 的 KSCN 溶液，20% 的 KI 溶液，0.1mol/L 的 $Na_2S_2O_3$ 标准溶液，去离子水。

四、实验步骤

1. 硫酸铜的提纯

（1）溶盐

称取研细的 10.0g 粗硫酸铜样品，置于 200mL 烧杯中。加 50mL 去离子水，加热搅拌，使其溶解。通过减压过滤除去其中不溶性杂质。

（2）沉淀除杂

向上述滤液中逐滴滴加 2mol/L 的 NaOH 溶液，边滴加边搅拌，并用精密 pH 试纸测其 pH，调节 pH 为 3.5～4.0。然后滴加 3mL 3% H_2O_2，并使 pH 保持在 3.5～4.0 范围。用玻璃棒将溶液滴加到点滴板上，加 1 滴 0.1mol/L 的 KSCN 溶液，如果出现红色，说明 Fe^{3+} 还没完全沉淀，需继续滴加 2mol/L 的 NaOH 溶液。Fe^{3+} 完全沉淀后，加热溶液至沸腾保持 5～10min，静置，不可搅拌。然后用倾析法过滤。

（3）蒸发浓缩

将滤液转移入蒸发皿内，滴加 2mol/L 的 H_2SO_4 溶液，调节 pH 为 1～2。加热蒸发浓缩至液面出现一薄层晶膜时停止加热。冷却至室温，减压抽滤，抽干，得到粗产品，称重。

（4）重结晶

将上述粗产品溶于去离子水，粗产品和去离子水的比例为 1∶1.2。加热搅拌，使粗产品完全溶解，然后趁热常压过滤。冷却后再减压过滤，获得重结晶产品。用滤纸将获得的硫酸铜晶体表面的水分吸干，称量，并计算产率。

2. 结晶水的测定

取一洁净干燥的坩埚，进行准确称重 m_1，精确至 0.1mg。向坩埚中加约 1g 重结晶并晾干的硫酸铜晶体，再次准确称重 m_2（坩埚和硫酸铜晶体的总质量）。然后放入马弗炉中，升温至 300℃后保持 30min，当硫酸铜晶体由蓝色变成白色，降温。取出坩埚置于干燥器内继续冷却 30min。再次准确称重 m_3。计算结晶水的分子数目。

3. 产品纯度的检测

称取 1.0g 提纯的硫酸铜晶体置于 50mL 烧杯。加 10mL 去离子水使其溶解，加入 0.5mL 2mol/L 的 H_2SO_4 溶液进行酸化。加 2mL 3% H_2O_2，煮沸 5～10min。

待溶液冷却后，在搅拌条件下逐滴滴加 6mol/L 的氨水，至溶液呈深蓝色。进行常压过滤，并用 6mol/L 的氨水洗涤至滤纸上无蓝色，$Fe(OH)_3$ 黄色沉淀留在滤纸上。然后滴加 8mL 2mol/L 的 HCl 溶液在滤纸上以完全溶解沉淀。在滤液中滴加 2 滴 0.1mol/L 的 KSCN 溶液，观察溶液颜色。根据溶液血红色的深浅可判断 Fe^{3+} 的多少。

五、注意事项

1. 硫酸铜提纯过程中，调节 pH 时不能调得太高也不能太低，pH 太低时杂质 Fe^{3+} 去除不尽，pH 太高时生成氢氧化铜而影响产品。滴加 NaOH 溶液调节 pH 时，要进行充分搅拌。

2. 硫酸铜提纯过程中，加 H_2O_2 后煮沸时，应该先调节好 pH，这样形成的 $Fe(OH)_3$ 沉淀颗粒物变大，容易过滤除去。接下来静置过程中不可搅动。

3. 硫酸铜提纯过程中，加热蒸发浓缩至液面出现一薄层晶膜，立即停止加热使其自然冷却，不能将水蒸干。也不能置于冷水中冷却。

六、实验结果

1. 提纯产品的外观：_____；产量：_____ g。
2. 提纯产品的结晶水分子数目为：_____。
3. 计算粗硫酸铜试样中硫酸铜含量：_____。

七、思考题

1. 在检验产品纯度时，当滴加了 8mL 2mol/L 的 HCl 溶液后，沉淀没有完全溶解，应如何处理？

2. 硫酸铜提纯过程中，加 H_2O_2 后加热煮沸目的是什么？

3. 硫酸铜提纯过程中，除去 Fe^{3+} 杂质时，溶液 pH 需要调节为多少？为什么？

实验十六

混合碱中碳酸钠和碳酸氢钠含量的测定

一、实验目的

1. 了解强碱弱酸盐滴定过程中 pH 的变化。
2. 掌握酸碱滴定法测定混合碱含量的原理和方法。
3. 掌握双指示剂法测定混合碱中碳酸钠和碳酸氢钠含量。

二、实验原理

本实验采用双指示剂测定混合碱中碳酸钠和碳酸氢钠的含量。首先向溶液中加酚酞作为指示剂，以盐酸标准溶液将混合碱溶液滴定至无色，记录第一次滴定时盐酸标准溶液的消耗量 V_1。然后再加溴甲酚绿-二甲基黄为指示剂，以盐酸标准溶液继续滴定至溶液由绿色变为亮黄色，记录第二次滴定时盐酸标准溶液的消耗量 V_2。

第一次滴定时的反应式为：

$$Na_2CO_3 + HCl = NaHCO_3 + NaCl$$

第二次滴定时的反应式为：

$$NaHCO_3 + HCl = NaCl + H_2O + CO_2$$

混合碱中 Na_2CO_3、$NaHCO_3$ 含量可由下列式子计算：

$$w(Na_2CO_3) = \frac{c(HCl)V_1 \times \dfrac{M(Na_2CO_3)}{1000}}{m_s} \times 100\%$$

$$w(Na_2HCO_3) = \frac{c(HCl)(V_1 - V_2) \times \dfrac{M(Na_2HCO_3)}{1000}}{m_s} \times 100\%$$

三、实验材料

1. 仪器及器具

电子天平，250mL 锥形瓶，试剂瓶，25mL 移液管，50mL 酸式滴定管。

2. 试剂和药品

酚酞指示剂（10g/L），溴甲酚绿-二甲基黄指示剂，浓盐酸（1.19g/mL），1g/L 的甲基橙指示剂，无水碳酸钠（基准物质，270～300℃ 高温灼烧至恒重，保存于干燥器内备用），混合碱样品。

四、实验步骤

1. 0.1mol/L 的 HCl 标准溶液的配制

取一洁净 10mL 量筒，量取约 4.5mL 浓 HCl，加入盛有 400mL 蒸馏水的试剂瓶中，再加蒸馏水至 500mL，加塞，摇匀。贴标签。

2. 0.1mol/L 的 HCl 标准溶液浓度的标定

准确称取已经烘至恒重的无水碳酸钠（基准物质）3 份，每份 0.15～0.20g。分别置于 250mL 锥形瓶中，分别加入 20～30mL 蒸馏水，使无水碳酸钠完全溶解。加入 1 滴甲基橙指示剂，然后用待标定的 HCl 标准溶液滴定溶液由黄色变为橙色即为终点。记录所消耗的 HCl 标准溶液的体积，计算 HCl 标准溶液的准确浓度。如果三次测定结果的相对平均偏差大于 0.3%，需要重新标定。

3. 混合碱中 Na_2CO_3、$NaHCO_3$ 含量的测定

准确称取 0.15～0.20g 混合碱样品 3 份，分别置于 250mL 锥形瓶中，分别加 50mL 蒸馏水、1 滴酚酞指示剂，此时溶液均为红色。分别用 HCl 标准溶液进行滴定至无色，为第一终点，记录 HCl 标准溶液的使用体积 V_1。滴定时需注意 HCl 标准溶液要逐滴滴加且不能过快，并需不断地摇动溶液。

然后分别滴加 9 滴溴甲酚绿-二甲基黄指示剂，此时溶液均为绿色。继续用 HCl 标准溶液进行滴定至溶液变为亮黄色，为第二终点，记录第二次消耗的 HCl 标准溶液的使用体积 V_2。计算混合碱样品中 Na_2CO_3、$NaHCO_3$ 含量。

五、注意事项

1. 在测定混合碱中的第一次滴定时，要逐滴滴加 HCl 标准溶液，并且不断摇动，以免溶液的局部酸度过大。

2. HCl 标准溶液的准确浓度需要用无水碳酸钠基准物质进行标定，无水碳酸钠需要在 270～300℃ 高温炉灼烧至恒重，并保存于干燥器内备用。

六、实验结果

1. 0.1mol/L 的 HCl 标准溶液的标定

将 HCl 标准溶液标定的实验数据记录于表 13。

表 13　HCl 标准溶液的标定

实验项目	实验次数		
	1	2	3
$m(\text{Na}_2\text{CO}_3)/\text{g}$			
$V(\text{HCl})/\text{mL}$			
$c(\text{HCl})/(\text{mol/L})$			
平均 $c(\text{HCl})/(\text{mol/L})$			
相对偏差			
相对平均偏差			

2. 混合碱中 Na$_2$CO$_3$、NaHCO$_3$ 含量的测定

将混合碱中 Na$_2$CO$_3$、NaHCO$_3$ 含量测定的实验数据记录于表 14。

表 14　混合碱中 Na$_2$CO$_3$、NaHCO$_3$ 含量的测定

实验项目	实验次数		
	1	2	3
混合碱样品质量/g			
$c(\text{HCl})/(\text{mol/L})$			
第一次 $V(\text{HCl})/\text{mL}$			
第二次 $V(\text{HCl})/\text{mL}$			
Na$_2$CO$_3$ 含量/%			
NaHCO$_3$ 含量/%			
相对偏差			
相对平均偏差			

七、思考题

1. 第一次滴定时，为什么要逐滴滴加 HCl 标准溶液而不是快速滴加，并且不断摇动？

2. 在测定混合碱样品时，当出现 V_1 小于 V_2、V_1 等于 V_2、V_1 为零、V_2 为零情况时，分别说明混合碱样品是由哪些物质组成？

3. 当某混合碱样品包括 Na$_2$CO$_3$ 和 NaHCO$_3$ 时，两次滴定所消耗的 HCl 标准溶液体积有什么关系？为什么？

参 考 文 献

［1］ 曹淑红，王玉琴，邵荣．无机及分析化学实验．北京：化学工业出版社，2022．

［2］ 庄京，欧阳琛，王训．无机及分析化学实验．北京：高等教育出版社，2022．

［3］ 许琼．无机及分析化学实验．北京：科学出版社，2021．

［4］ 孙丹．无机及分析化学实验．北京：化学工业出版社，2021．

［5］ 张桂香，崔春仙，窦英．无机及分析化学实验．天津：天津大学出版社，2019．

［6］ 邢宏龙．无机及分析化学实验．北京：化学工业出版社，2019．

［7］ 南京大学《无机及分析化学实验》编写组．无机及分析化学实验．第 5 版．北京：高等教育出版社，2015．

［8］ 朱荣华，郭桂英，朱竹青．无机及分析化学实验．第 2 版．北京：中国农业大学出版社，2020．

［9］ 王升富，周立群．无机及分析化学实验．北京：科学出版社，2010．

［10］ 王元兰，邓斌．无机及分析化学实验．北京：化学工业出版社，2017．

［11］ 梁春华．无机及分析化学实验．成都：西南交通大学出版社，2020．

［12］ 高敏，胡敏，和玲．无机及分析化学实验．西安：西安交通大学出版社，2015．

第二篇
有机化学实验

实验一
柱色谱分离亚甲基蓝和甲基橙

一、实验目的

1. 了解柱色谱的分离原理。
2. 掌握柱色谱法的实验操作技术。

二、实验原理

　　利用色谱柱将混合物各组分分离开来的操作过程称为柱色谱，又称为柱层析，是一种液固吸附色谱。以固体吸附剂作为固定相装于柱内，以液体洗脱剂作为流动相携带混合物样品从色谱柱柱顶加入，利用吸附剂对混合物各组分的吸附能力差异，达到混合物各组分分离的目的。

　　色谱柱一般是一根长约 20cm，内径为 2cm，下端有一个活塞的柱子。在柱子底部有一层玻璃砂芯，管内装填活化的固体吸附剂（固定相）如氧化铝、硅胶等，在柱子顶部装一滴液漏斗，样品从柱顶加入，被吸附在柱的上端，然后从滴液漏斗加入洗涤剂（流动相）如乙酸乙酯、石油醚等。柱色谱装置如图 1 所示。由于吸附剂对各组分的吸附能力不同，被吸附较弱的组分随溶剂以较快的速率向下移动，各组分随溶剂以不同的时间从色谱柱下端流出，分别收集各组分，再逐个鉴定，若各组分是有色物质，则在柱上可以直接看到色带，若是无色物质，有些物质呈现荧光，可用紫外光照射等方法鉴定。柱色谱法广泛应用于混合物的分离，包括对有机合成产物、天然提取物以及生物大分子的分离。

　　柱色谱是利用各组分在固定相与洗脱剂之间的吸附和解吸能力的差异而实现分离的。由于组分在各方面性质上的个体差异，其受

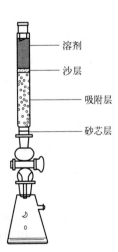

溶剂

沙层

吸附层

砂芯层

图 1　柱色谱装置示意图

到来自固定相的滞留作用和来自洗脱剂的推动作用不同，则各组分受到的合力不同，各组分向前运动的速率也不同。于是，各组分就产生差速迁移率。如果在一定时间内，由这种差速迁移引起的运动距离明显不同，不同组分便得到了分离，同样的组分便得到了富集和纯化。

本实验中用到的甲基橙和亚甲基蓝均为指示剂，它们的结构如下所示：

甲基橙　　　　　　　　　　　　　　亚甲基蓝

由于甲基橙和亚甲基蓝的结构不同，极性不同，吸附剂对它们的吸附能力不同，洗脱剂对它们的解吸能力也不同。极性小、吸附能力弱、解吸速度快的亚甲基蓝先被洗脱下来，而极性大、吸附能力强、解吸速度慢的甲基橙后被洗脱下来，从而使两种物质得以分离。本实验以中性氧化铝为吸附剂，95％乙醇作为洗脱剂，先洗出亚甲基蓝，再用蒸馏水作洗脱剂把甲基橙洗脱下来。

三、实验材料

1. 仪器及器具

锥形瓶，玻璃漏斗，色谱柱，长颈漏斗，玻璃棒。

2. 试剂和药品

中性氧化铝，石英砂，乙醇（95％），甲基橙，亚甲基蓝。

四、实验步骤

1. 装柱

（1）取一只色谱柱，在柱底塞一小团脱脂棉花，将色谱柱垂直固定在铁架台上，关闭活塞。

（2）将中性氧化铝用适量95％的乙醇调成可流动的糊状，通过长颈漏斗，将糊状物小心缓慢地加入色谱柱中，至柱体积的1/2左右。

（3）用洗耳球敲打色谱柱柱身，使装填均匀而无细缝。打开活塞，用锥形瓶承接溶剂，控制滴速为1滴/s，直到液面在氧化铝的顶部高度为0.5～1cm时，在上面加一层石英砂（约5mm）。

2. 加样

当乙醇液面刚好流至与石英砂平面相切时，关闭活塞，向柱内滴加10滴亚甲基蓝和甲基橙的混合物（乙醇溶液），打开活塞。

3. 洗脱

用少量的95％乙醇冲洗附着在色谱柱管壁上的色素，用95％的乙醇作为洗脱剂洗脱，控制流速（1滴/s），用锥形瓶收集洗脱液。当亚甲基蓝色带洗出时，更换锥形瓶收集洗脱液，到滴出液近无色为止。更换锥形瓶，并改用蒸馏水继续洗脱，到甲基橙黄色物完全洗下为止。

五、注意事项

1. 装柱的技巧：松紧度合适。
2. 吸附剂的用量与分离混合物的性质及数量有关。
3. 在整个洗脱过程中，石英砂上至少要保持 1cm 高的溶剂，溶剂液面不能低于石英砂。
4. 将亚甲基蓝和甲基橙溶解于尽量少的 95％乙醇中。
5. 控制洗脱剂的流出速度，一般流速以 1 滴/s 为宜。

六、实验结果

1. 画出实验流程图及记录实验现象。
2. 将色谱柱中的色带和淋洗出来的色带的实验结果拍照。
3. 根据色带的颜色分析洗脱的产品。

七、思考题

1. 洗脱过程中，流速的快慢对分离效果有什么影响？
2. 为什么装好的柱子需要尽量垂直安放？
3. 柱子中若有空气或装填不均匀，对分离效果有什么影响？应如何避免？

实验二
重结晶及熔点的测定

一、实验目的

1. 了解重结晶的基本原理和意义。
2. 掌握重结晶的基本操作。
3. 掌握常压过滤和抽滤的基本操作。
4. 了解样品干燥的方法。
5. 了解熔点测定的意义，掌握熔点测定的方法及操作。

二、实验原理

从反应中获得的固体有机物往往含有未反应的原料、催化剂、反应副产物等杂质，重结晶是纯化固体有机物的有效方法之一，也是提纯有机物质常用的操作。

固体有机物在溶剂中的溶解度一般随温度的升高而增加，随温度的降低而减小直至析出晶体。不同的有机化合物的溶解度随着温度变化而变化的程度不一致。有些化合物在溶剂温度升高时，溶解度显著增加，而有些化合物溶解度变化量很小。

选用合适的溶剂，在溶剂沸腾时，将被提纯物溶解，有两种情况：第一，杂质在热的溶剂中溶解度很小或者不溶解；第二，杂质在溶剂中的溶解度很大，或全部溶解在溶剂中，冷却后也不会结晶析出。前者可以通过过滤的方式，将杂质除去；后者可以让溶液冷却结晶，滤出被提纯物的晶体，让杂质留在母液中，最终达到提纯的目的。

通常杂质含量在 5％以下时利用重结晶的方法提纯，都可得到满意的结果。如果杂质含量过高，则必须采用其他的方法进行初步提纯。

常压过滤时，置漏斗于漏斗架上，漏斗颈与抽滤瓶紧靠，用玻璃棒贴近三层滤纸一边，首先沿玻璃棒倾入沉淀上层清液，一次倾入的溶液一般最多只充满滤纸的 2/3，以免少量沉淀因毛细作用越过滤纸上沿而损失。倾析完成后，在烧杯内将沉淀用少量洗涤液搅拌洗涤，静置沉淀，再如上法倾出上清液，如此 3～4 次。

　　抽滤，是利用抽气泵使抽滤瓶中的压强降低，以达到固液分离的目的的操作。其装置需要布氏漏斗、抽滤瓶、胶管、抽气泵、滤纸等组装而成，如图 2 所示。抽滤时，先将滤纸放入布氏漏斗内，滤纸大小应略小于漏斗内径又能将全部小孔盖住，用蒸馏水润湿滤纸，微开水龙头，抽气使滤纸紧贴在漏斗瓷板上。再将溶液倒入漏斗，待溶液快流尽时再转移沉淀。抽滤完毕，应先断开连接抽气泵和抽滤瓶的橡胶管，然后关闭水龙头，以防倒吸。从抽滤瓶上口倒出溶液，不要从支管口倒出。

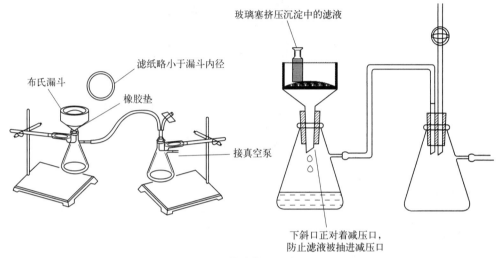

图 2　抽滤装置示意图

　　熔点是有机化合物最重要的物理常数之一。熔点是指在常压下某一化合物的固态和液态相互平衡共存时的温度。它不仅可以用来鉴定固体有机物，而且可以根据熔程的长短定性地判别物质的纯度。

　　一定晶型的纯物质其熔点是常数，在一定压力下其熔化的温度不变。但如果不纯或晶型不定，则其熔化时的温度不是常数，且不断变化。从初熔至全熔所测定的熔点变化范围称为熔程。纯物质从开始熔化到完全熔化的熔程差不超过 0.5～1℃。若物质不纯则熔程加大，纯度越低熔程越大。因此，通过熔点和熔程的测定可以进行固体物质的初步鉴别和纯度判定。需要说明的是，纯净固体物质熔点是一定的，但熔点一定却未必是纯净物，熔点相同也未必是同一物质。但如果熔点不同则一定不是同一物质，熔点不固定则一定不是纯净物。

　　在有机化学实验中，毛细管熔点测定法，又称提勒管法，是最简便的方法，在实验操作中，由此方法测得到的不是一个温度点，而是熔化范围值。提勒管法测定熔点最常用的仪器是提勒管，将其固定在铁架台上，倒入浴液，使液面在提勒管的叉管处，管口安装插有温度计的开槽塞子，毛细管通过导热液黏附或者用橡胶圈套在温度计上。使样品位于水银球的中部，然后调节温度计的位置，使水银球处于提勒管上下叉管中间，因为此处对流循环好，温度梯度差小，趋于均匀。在如图 3 所示位置加热，受热的浴液沿管壁上升，促使整个提勒管内浴液对流循环，使浴液温度均匀。浴液需要根据待测物质的熔点选择，一般用液体石蜡、甘油、硅油、浓硫酸等。测定熔点 140℃ 以下的物质，选用液体石蜡或者甘油作为浴液；测定 140～220℃ 的物质，选用硫酸；测定 220℃ 以上的物质，选用硅油。

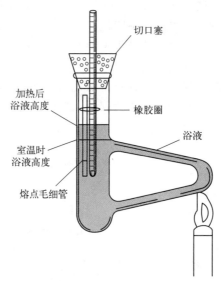

图 3   提勒管法测熔点示意图

图中标注：切口塞；加热后浴液高度；橡胶圈；浴液；室温时浴液高度；熔点毛细管

三、实验材料

1. 仪器及器具

滤纸，布氏漏斗，锥形瓶，水泵，抽滤瓶，玻璃棒，毛细管（一端封口），提勒管，开口橡胶塞，乳胶圈。

2. 试剂和药品

乙酰苯胺，活性炭，蒸馏水。

四、实验步骤

1. 重结晶

（1）称取 1g 粗乙酰苯胺，置于锥形瓶中，加入 30mL 水，加热至沸腾，直至乙酰苯胺固体全部溶解，若不溶解，可添加适量热水。

（2）冷却，加入适量活性炭，在搅拌下加热煮沸 5～10min。

（3）用预热好的折叠滤纸和漏斗趁热过滤，用锥形瓶收集滤液。

（4）滤液放置冷却后，有乙酰苯胺固体析出，抽滤，用母液洗涤锥形瓶，将残留于锥形瓶中的晶体转出，再抽滤。

（5）将晶体用冷的蒸馏水洗涤两三次，置于烘箱中 85℃ 干燥，称量并计算产率。

2. 熔点的测定

（1）将乙酰苯胺固体装入一端封口的毛细管中。样品应装填结实，不应留有空隙，装填高度 2～3cm，毛细管外部的样品粉末需要擦拭干净。

（2）将样品管固定在温度计上。

（3）在提勒管中加入适量的饱和氯化钙溶液。

（4）将温度计通过一个有刻槽的开口橡胶塞置于提勒管中。

（5）加热提勒管，观察记录样品初熔和全熔时的温度，样品测定三次。

五、注意事项

1. 活性炭不可直接加入沸腾的溶液中，否则会产生暴沸现象。加入活性炭的量相当于样品量的 $1\% \sim 5\%$。
2. 不能对一个封闭的体系加热。
3. 样品和饱和氯化钙溶液要回收。
4. 测定熔点时，加热到距熔点 10℃ 左右时，应控制每分钟升高 $1 \sim 2$℃。
5. 重复测定熔点时，系统温度须降到初熔温度以下 20℃。

六、实验结果

1. 记录乙酰苯胺的重结晶质量。
2. 计算乙酰苯胺的重结晶产率。
3. 将乙酰苯胺的熔点记录在表 1 中。
4. 画出实验流程图并记录实验现象。

表 1　乙酰苯胺熔点测定记录表

实验次数	初熔温度/℃	全熔温度/℃	熔点/℃
第一次			
第二次			
第三次			
平均值			

七、思考题

1. 活性炭的作用及原理是什么？
2. 为什么活性炭要在固体物质完全溶解后加入？
3. 将溶液进行热过滤时，为什么要用折叠滤纸过滤？过滤过程中如何减少溶剂的挥发？
4. 在布氏漏斗中用蒸馏水洗涤固体时应注意什么？
5. 本实验测出的为何不是准确的熔点而是熔程？
6. 简述熔点、沸点数据在物质定性分析中的应用及局限性。

实验三

萃取

一、实验目的

1. 了解萃取的原理和方法。
2. 掌握萃取的基本操作。

二、实验原理

萃取是溶质从一种溶剂向另一种溶剂转移的过程,是有机化学实验中用来提纯和纯化化合物的常用操作之一,通过萃取能够从固体或者液体混合物中分离出所需要的化合物。

萃取是利用物质在两种互不相溶(或微溶)的溶剂中溶解度或分配比的不同来达到分离、提纯的一种操作。在相同溶剂用量条件下,采用少量多次的方法,能将绝大部分的化合物提取出来,如图 4 所示。萃取的基本步骤为:(1) 检验分液漏斗是否漏水;(2) 先装入溶液再加入萃取剂,控塞振荡混合,间歇振荡排气;(3) 将分液漏斗放在铁圈上静置,使其分层;(4) 打开分液漏斗活塞,再打开旋塞,使下层液体从分液漏斗下端放出,待油水界面与

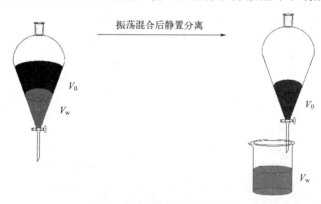

图 4 　液液萃取体系示意图

旋塞上口相切即可关闭旋塞；（5）把上层液体从分液漏斗上口倒出，如图5所示。

加入液体 控塞振荡混合 间歇振荡排气 静置分层 分离

图5 分液漏斗及萃取操作示意图

分配定律是萃取的重要理论依据。将含有有机化合物的水溶液用有机溶剂萃取时，有机化合物在两液相间进行分配。在一定温度和一定压力下，该有机化合物在有机相中和水相中的浓度之比为一常数，即"分配系数"。$K = c_A / c_B$，其中 c_A 和 c_B 分别表示物质在两液相 A 和 B 中的浓度，K 可以近似看作该物质在两溶剂中的溶解度之比。

在萃取时，若在水溶液中加入一定量的电解质（如氯化钠），利用盐析效应降低有机物和萃取溶剂在水溶液中的溶解度，可以提高萃取效果。

萃取剂的选择由被萃取的有机物的性质所决定。较易溶于水的物质用乙醚萃取，易溶于有机溶剂的物质则用乙酸乙酯萃取。选择萃取的溶剂时，应考虑溶剂的沸点，沸点不宜过高，否则不易回收。此外，还要考虑溶剂的毒性要小、化学稳定性高、不与溶质发生化学反应等。

三、实验材料

1. 仪器及器具

分液漏斗，烧杯。

2. 试剂和药品

NaOH 溶液，无水氯化钙，盐酸，二氯甲烷，萘，苯甲酸，β-萘酚，对甲基苯胺。

四、实验步骤

1. 取样品（注明编号）8mL 置于分液漏斗中，分别用 10mL 10％NaOH 溶液、10mL 水萃取，合并水相。

2. 在有机相中加入适量无水氯化钙固体，充分振摇，静置。将溶液转移至洁净的小烧杯中，在通风橱中 50℃水浴加热至干，观察记录残留物的性状。

3. 在水浴冷却下，向合并的水相中滴加盐酸至产生大量沉淀，静置过滤。用水洗涤滤饼，65℃干燥，观察记录样品的性状。

五、注意事项

1. 分液漏斗的活塞必须原配，不得调换。
2. 不能将活塞上涂有凡士林的分液漏斗放在烘箱内烘干。

3. 分液漏斗不用时，活塞及旋塞应用薄纸条夹好，以防粘住。

4. 无论是萃取还是洗涤，分液漏斗上下两层液体都要保留至实验完毕。否则，一旦中间操作失误，就无法补救和检查。

六、实验结果

画出实验流程图并记录实验现象。

七、思考题

1. 本实验中样品 $1^\#$、$2^\#$ 均由三种化合物组成：二氯甲烷、萘、化合物 x。x 是苯甲酸、β-萘酚、对甲基苯胺中的一种，请根据实验操作和实验现象，判断 x 为何种化合物并说明理由。

2. 乙醚是常用的萃取剂，其优缺点是什么？

3. 若用溶剂乙醚、氯仿、正己烷萃取水溶液，它们将在上层还是下层？

实验四

废酒精的蒸馏及微量法测沸点

一、实验目的

1. 掌握蒸馏和沸点测定的原理。
2. 掌握蒸馏和沸点测定的基本操作。
3. 掌握蒸馏装置仪器的安装和拆卸。

二、实验原理

将液体加热到沸腾，使其变为蒸气，然后再将蒸气冷凝为液体的操作过程称为蒸馏。蒸馏是分离和提纯液体有机化合物最常用的方法之一，它不仅可以把易挥发的液体和不易挥发的物质分开，也可以分离两种或两种以上沸点相差较大（至少 30℃）的液体混合物。蒸馏是有机化学实验中最常用的实验技术之一，用于液体混合物的分离、提纯，沸点的测定，溶液的浓缩与溶剂的回收等。所有的蒸馏技术都包括液体沸腾蒸发和蒸气冷凝液化两个相变过程。蒸发和冷凝与物质的蒸气压、温度、外压等因素密切相关，其在相变过程中的组成与含量变化所依据的原理是气液两相的相变规律和相图。

常压下的简单蒸馏装置包括汽化蒸发、温度监控、冷凝和接收四部分。主要由酒精灯（电热套）、蒸馏烧瓶、蒸馏头、温度计、冷凝管、尾接管和接收瓶组成，如图 6 所示。

常压简单蒸馏的适用范围为：（1）被分离的液态组分之间挥发度或沸点相差很大，至少为 30~40℃才能获得较高的纯度，完全分离沸点要相差 100℃以上；（2）被蒸馏的组分沸点为 40~150℃比较适宜，沸点太高难汽化，沸点太低难冷凝；（3）沸点中各组分均耐热性良好。

微量法测沸点的原理是：当液体沸腾时，其蒸气压等于施加于液面的外部压力。如果一端封闭，灌满液体的管子口朝下插入盛在另一容器内的该液体中，当液体被加热到沸点时，管中被蒸气充满。沸腾时管内蒸气压被施加于液面上的大气压抵消。此时，管内正好被蒸气

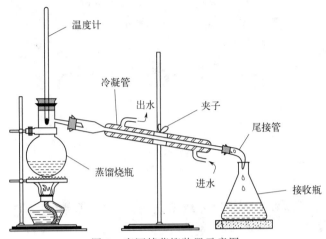

图6 废酒精蒸馏装置示意图

充满。如果温度高于沸点，则管内有气泡逸出；若温度低于沸点，则液体进入管道中。最后一个气泡刚欲缩回管内时的温度即为沸点。

三、实验材料

1. 仪器及器具

酒精灯，石棉网，烧杯，蒸馏烧瓶，蒸馏头，冷凝管，尾接管，接收瓶，温度计套管，温度计，橡胶管，沸点管，毛细管，提勒管。

2. 试剂和药品

废酒精。

四、实验步骤

1. 仪器安装

整个蒸馏装置包括蒸馏、冷凝、接收三部分，按照从下到上、从左到右的顺序安装好。安装时注意温度计水银球上端与蒸馏头支管下端在同一水平线上，接收部分要与外界大气相通。

2. 加料

（1）量取30mL酒精，取下温度计，在蒸馏头口上放一长颈漏斗，注意漏斗下口处的斜面应在蒸馏头支管下方。

（2）缓慢将液体倒入圆底烧瓶，然后加入少许沸石。

3. 蒸馏

（1）开启冷凝水，点燃酒精灯，加热样品至沸腾。

（2）当蒸气与温度计水银球上的液滴平衡时，调整火力使得液体馏出速度为1～2滴/s。当温度计读数基本不变时，更换锥形瓶接收馏分。当温度超过沸程范围时，停止接收。

4. 停止

熄灭酒精灯，停止加热，待冷却馏出物不再继续流出时取下尾接管，关掉冷凝水，按照从上到下、从右到左的顺序拆卸仪器并清洗。

5. 微量法测沸点

（1）制备上端封口的毛细管。

（2）在沸点管外管中加入适量馏分（5~8mm高），将毛细管内管开口向下插入其中。

（3）将外管固定在温度计上，使馏分样品与温度计水银球平行，将温度计放于提勒管中，固定温度计，以水为介质，加热。当毛细管出现一连串小气泡时，撤除热源，小气泡逸出的速度逐渐减慢，直至最后一个气泡出现而欲缩回到毛细管内的瞬时温度，记为沸点。测三次，取平均值。

五、注意事项

1. 沸石必须在加热前加入，如加热前忘记加入，补加时必须先停止加热，待被蒸物冷却至沸点以下方可加入。若在液体达到沸点时投入沸石，会引起猛烈的暴沸，部分液体可能冲出瓶外引起烫伤或火灾事故，如果沸腾中途停止过，在重新加热前应加入新的沸石。

2. 控制好蒸馏速度，蒸馏时的速度不能太快，否则易在蒸馏烧瓶的颈部造成过热现象或冷凝不完全，使由温度计读得的沸点偏高；同时蒸馏也不能进行得太慢，否则由于温度计的水银球不能为蒸出液蒸气充分浸润而使温度计上所读得的沸点偏低或不规则。

3. 搭建蒸馏装置时，铁夹子不应夹得太紧或太松，以夹住后稍用力尚能转动为宜。

4. 任何蒸馏或回流装置均不能密封，以防液体蒸气压力增大时，液体冲出蒸馏烧瓶。

5. 整套蒸馏装置，应按照自上而下、从左至右的顺序组装。

6. 待蒸馏液体体积占圆底烧瓶体积的1/3~2/3。

7. 蒸馏时，应先通回流冷凝水再加热，若加热后发现未通冷凝水，应先停止加热后再通冷凝水，以免造成冷凝管破裂。

8. 圆底烧瓶内的液体不能蒸干，以防圆底烧瓶过热或有过氧化物存在而发生爆炸。

9. 微量法测沸点时，馏分样品不能加得过多，且加热速度需要仔细控制。

六、实验结果

1. 记录蒸馏时第一滴馏出液滴下时的温度。

2. 记录蒸馏酒精的实际产量。

3. 计算酒精的回收率。

4. 记录毛细管中第一个气泡逸出时的温度。

5. 记录大量连续气泡逸出时的温度。

6. 记录最后一个气泡欲出又回时的温度。

7. 画出实验流程图及记录实验现象。

七、思考题

1. 蒸馏装置中，温度计应装在什么位置？

2. 蒸馏开始后，如果发现未加沸石，应如何处理？

3. 蒸馏液体的沸点为140℃以上应选用什么冷凝管？为什么？

实验五

乙酸乙酯的制备及气相色谱分析

一、实验目的

1. 了解酯化反应的原理和特点。
2. 掌握回流加热、蒸馏、纯化精制等实验方法制备乙酸乙酯。
3. 了解气相色谱的工作原理及其在有机分离、分析中的应用。
4. 进一步掌握蒸馏、萃取、液体干燥等基本操作。

二、实验原理

酯是一种广泛分布于自然界的化合物，较简单的酯大多具有令人愉快的香味，因此这些酯常被用作食用香料。乙酸乙酯可以通过乙酸和乙醇反应得到，这是一个平衡反应，生成的乙酸乙酯在同样的条件下又水解成乙酸和乙醇。为了获得较高产率的乙酸乙酯，通常采用增加酸或醇的用量来提高乙酸乙酯的产率。

主反应：

$$CH_3COOH + C_2H_5OH \underset{H_2SO_4}{\overset{120\sim125\,℃}{\rightleftharpoons}} CH_3COOC_2H_5 + H_2O \tag{1}$$

副反应：

$$2C_2H_5OH \underset{H_2SO_4}{\overset{140\,℃}{\rightleftharpoons}} C_2H_5OC_2H_5 + H_2O \tag{2}$$

气相色谱是一种以气体为流动相的柱色谱分离技术。在一定温度下，利用试样中各组分在色谱柱中的固定相和流动相之间的分配系数不同，当汽化后的试样被载气带入色谱柱中运行时，组分就在其中的两相间进行反复多次的分配。由于固定相对各组分的吸附或溶解能力不同，因此各组分在色谱柱中的运行速度不同，经过一定的柱长后，便彼此分离，按顺序离开色谱柱进入检测器。检测器随后将组分的浓度变化转变为电信号，再经过放大后，由记录器记录下来，即得到色谱图。根据各组分的出峰时间及峰面积的大小，即可对化合物进行定性鉴定和定量分析。

三、实验材料

1. 仪器及器具

圆底烧瓶，球形冷凝管，直形冷凝管，蒸馏头，尾接管，分液漏斗。

2. 试剂和药品

冰醋酸，乙醇，浓硫酸，饱和氯化钠溶液，饱和氯化钙溶液，无水硫酸镁，pH 试纸。

四、实验步骤

1. 在圆底烧瓶中加入 5mL 冰醋酸、8mL 乙醇，在水浴冷却下缓慢加入 2.5mL 浓硫酸，摇匀。

2. 水浴加热回流 15min，冷却，改回流为蒸馏直至无馏分流出。

3. 向馏分中逐滴加入饱和碳酸钠溶液，摇动瓶子，滴加至 pH＝7。

4. 将上述溶液加入分液漏斗中，分去水相。

5. 用 5mL 饱和氯化钠溶液洗涤有机相，分去水相。

6. 再用饱和氯化钙溶液洗涤有机相，分去水相。

7. 将有机相转入干燥的锥形瓶中，加入约 1g 的无水硫酸镁干燥 10～20min。

8. 将粗产品滤入圆底烧瓶中，对产品进行气相色谱分析，在色谱图上标明各峰所代表的成分。

9. 安装好蒸馏装置对产品进行蒸馏，收集 73～78℃的馏分，称量并计算产率。

10. 启动色谱仪器，调试仪器，待仪器稳定后准备进样。用进样器进样，处理分析色谱数据结果。

五、注意事项

1. 温度不宜过高，否则会增加副产物乙醚的含量。滴加速度太快会导致乙酸和乙醇来不及作用而被蒸出。

2. 在馏出液中除了酯和水外，还含有少量未反应的乙醇和乙酸，同时含有副产物乙醚。故必须用碱除去其中的酸，并用饱和氯化钙溶液除去未反应的醇，否则会影响酯的产率。

3. 当有机层用碳酸钠溶液洗过后，如果直接用氯化钙溶液洗涤，会产生絮状碳酸钙沉淀，使分离变得困难，故两步操作间需用水洗。由于乙酸乙酯在水中有一定的溶解度，为了尽量减少损失，用饱和食盐水来代替水洗。

4. 乙酸乙酯与水或乙醇可分别生成共沸混合物，若三者共存则生成三元共沸混合物。因此，有机层中的乙醇不除净或干燥不够时，会形成低沸点共沸混合物，从而影响酯的产率。

六、实验结果

1. 画出反应装置图。

2. 计算乙酸乙酯的产率。

3. 分析乙酸乙酯的气相色谱结果。

4. 画出实验流程图并记录实验现象。

七、思考题

1. 简述气相色谱定性、定量分析原理。

2. 使用饱和碳酸钠溶液的目的是什么？为什么要控制 pH＝7？

3. 用饱和氯化钙溶液洗涤的目的是什么？

4. 实验中若采用过量的乙酸是否合适？为什么？

5. 蒸馏出的乙酸乙酯主要有哪些杂质？如何除去？

实验六

从茶叶中提取咖啡因

一、实验目的

1. 了解从茶叶中提取咖啡因的原理和方法。
2. 巩固萃取、蒸馏的操作原理和方法。

二、实验原理

咖啡因（caffeine）又称咖啡碱，为嘌呤的衍生物，化学名称是 1,3,7-三甲基-2,6-二氧嘌呤，分子式为 $C_8H_{10}N_4O_2$，属弱碱性含氮杂环化合物。其结构式与茶碱、可可碱类似。咖啡因具有增加肾脏血流量、强心利尿、兴奋神经中枢、消除疲劳等作用，应用前景广阔。现代制药工业多用合成方法来制得咖啡因。

咖啡因

咖啡因为白色针状晶体，熔点 238℃，178℃时升华。咖啡因可溶于水、丙酮和乙醇，易溶于氯仿，较难溶于苯和乙醚。茶叶中的咖啡因可用水提取，鞣酸也能溶于水中，因此必须将鞣酸除去。鞣酸是一类分子量较大的酚类化合物，具有一定的酸性，若加入乙酸铅则生成铅盐而沉淀。用水提取得到的茶溶液的棕色是由类黄酮素和叶绿素及其氧化产物造成的。虽然叶绿素略能溶于氯仿，但其他物质大多不溶，因此用氯仿萃取时可得到几乎纯净的咖啡因，氯仿可蒸馏除去。

三、实验材料

1. 仪器及器具

烧杯，分液漏斗，圆底烧瓶，蒸馏头，直形冷凝管，尾接管，脱脂棉，纱布，玻璃漏斗。

2. 试剂和药品

茶叶，碳酸钠，二氯甲烷，蒸馏水，无水硫酸镁。

四、实验步骤

1. 在 200mL 烧杯中加入 10g 茶叶、6g 碳酸钠和 80mL 水，一边加热一边用玻璃棒搅拌。
2. 保持微沸 20min，停止加热，待充分冷却后，用纱布将茶水滤入分液漏斗中。
3. 向分液漏斗中加入 10mL 二氯甲烷，旋摇 1min，放气，静置分层至二氯甲烷层颜色变浅。
4. 在干燥的玻璃漏斗中铺上脱脂棉和无水硫酸镁，将分液漏斗中的二氯甲烷通过脱脂棉滤入干燥的圆底烧瓶中。
5. 再用 10mL 二氯甲烷萃取茶叶水一次，合并有机相。
6. 通过 65℃ 水浴蒸馏，将二氯甲烷蒸馏出来，观察蒸馏烧瓶中析出的咖啡因的性状。

五、注意事项

1. 若漏斗内萃取液色浅，即可停止萃取。
2. 煮沸过程中可视水的蒸发情况而酌量补加水。

六、实验结果

1. 画出反应装置图。
2. 画出实验流程图并记录实验现象。

七、思考题

1. 如何提高萃取的效率？
2. 萃取液中可能含有哪些物质？
3. 加入碳酸钠粉末的作用是什么？
4. 硫酸镁的作用是什么？
5. 茶叶水为什么会变为黑色？

实验七
烃、卤代烃、醇、醛、酮的鉴别

一、实验目的

1. 掌握烃、卤代烃、醇、醛、酮的一般性质。
2. 理解烃、卤代烃、醇、醛、酮在化学性质上的差别。
3. 了解羟基、羰基及烃基的互相影响。

二、实验原理

脂肪烃可分为饱和烃和不饱和烃。饱和烃分子中只含有 σ 键，化学性质比较稳定，不易发生氧化反应。在催化剂作用下，饱和烃可发生卤代反应。

不饱和烃分子中除含有 σ 键之外，还含有化学性质活泼的 π 键，容易发生氧化和加成反应。如不饱和烃可以与溴的四氯化碳溶液发生加成反应，溴的红棕色褪去。不饱和烃还可以与高锰酸钾发生氧化反应，高锰酸钾的紫红色消失。借助上述反应可以鉴别不饱和烃。

芳香烃具有苯环的共轭体系，具有芳香性，一般较难发生氧化和加成反应，容易发生取代反应。

卤代烃是烃分子中的氢被卤素取代所生成的一类化合物。卤原子是卤代烃的官能团，大多数卤代烃中的卤素不呈离子状态的，与硝酸银的水溶液不易发生沉淀作用。卤代烃中的卤原子易被其他原子取代生成各种化合物。此时，加入硝酸银水溶液，即有卤化银沉淀析出。

醇和酚具有相同的官能团——羟基。醇的羟基是和脂肪烃基相连，酚的羟基是直接连在芳香环上。醇和酚的性质有明显的区别。

醛和酮都含有羰基，因此，它们具有共同的性质，比如都能与羰基试剂反应。由于醛的羰基上连有氢原子，所以醛比酮活泼。醛类化合物能被弱氧化剂如托伦试剂氧化。

羧酸是一类具有一定酸性的化合物，其酸性要比酚强得多。

三、实验材料

1. 仪器及器具

试管，试管架，烧杯，滴管，玻璃棒。

2. 试剂和药品

0.05％ $KMnO_4$ 溶液，3％溴的四氯化碳溶液，松节油，液状石蜡，甲苯，20％的 H_2SO_4 溶液，无水乙醇，金属钠，正丁醇，仲丁醇，叔丁醇，铬酸钾试剂，卢卡斯试剂，苯酚，溴水，1％ KI 溶液，5％的 Na_2CO_3 溶液，苯酚，NaOH 溶液，托伦试剂，乙醛，丙酮，异丙醇，甲醛，乙醛，苯甲醛，丙酮，环己酮，甲酸，乙酸，草酸，乙酸酐，蒸馏水。

四、实验步骤

1. 脂肪烃的性质

（1）溴代反应。取 2 支干燥试管，分别加入 10 滴液状石蜡、10 滴松节油，然后每支试管加入 5 滴 3％溴的四氯化碳溶液，振摇试管，观察哪支试管褪色，哪支试管不褪色。

（2）将不褪色的试管用软木塞塞紧后置于阳光下照射（若无阳光可放置在日光灯下），20min 后观察颜色是否消失或减弱。

（3）与 $KMnO_4$ 作用。取 2 支试管，分别加入 10 滴液状石蜡、10 滴松节油，然后每支试管各加入 5 滴 0.05％$KMnO_4$ 溶液、5 滴 20％的 H_2SO_4 溶液，振摇试管。观察哪支试管褪色，哪支试管不褪色。

2. 芳香烃的性质

（1）溴代反应。取 2 支试管，分别加入 10 滴甲苯、2 滴 3％溴的四氯化碳溶液，用软木塞塞紧后，将一支置于阳光下，另一支置于黑暗处。15min 后，观察比较哪支试管褪色，哪支试管不褪色。

（2）向不褪色的试管中加入一颗小铁钉，塞紧后继续置于黑暗处，30min 后取出，观察颜色是否消失或变浅。

3. 醇的化学性质

（1）醇与卢卡斯试剂的作用。在 3 支干燥的试管中分别加入 0.5mL 正丁醇、0.5mL 仲丁醇、0.5mL 叔丁醇，再加入 2mL 卢卡斯试剂，振荡，保持 26～27℃，观察 5min 及 1h 后混合物的变化。

（2）醇的氧化。在 3 支干燥的试管中分别加入 2 滴正丁醇、2 滴仲丁醇、2 滴叔丁醇，再加入 1 滴 5％铬酸钾试剂和 1 滴 20％的 H_2SO_4 溶液，摇匀，观察现象。

4. 酚的化学性质

（1）取 2 滴饱和苯酚溶液，用水稀释至 2mL，逐滴滴入饱和溴水至淡黄色。将混合物煮沸 1～2min，冷却。再加入数滴 1％KI 溶液及 1mL 苯，用力振荡，观察现象。

（2）苯酚的氧化。取 3mL 饱和苯酚溶液置于干燥试管中，加 0.5mL 5％的 Na_2CO_3 溶液及 1mL 0.5％ $KMnO_4$ 溶液，振荡，观察现象。

5. 醛、酮的化学性质

（1）碘仿实验。取 5 支试管，分别加入 1mL 蒸馏水和 3～4 滴试样，再分别加入 1mL

10％的 NaOH 溶液，滴加 KI-I$_2$ 至溶液呈黄色，继续振荡至浅黄色消失，析出浅黄色沉淀，若无沉淀，则放在 50～60℃水浴中微热几分钟（可补加 KI-I$_2$ 溶液），观察结果。

试样：乙醛、丙酮、乙醇、异丙醇、正丁醇。

（2）托伦实验。在 5 支洁净的试管中分别加入 1mL 的托伦试剂，再分别加入 2 滴试样，摇匀，静置，若无变化，50～60℃水浴温热几分钟，观察现象。

试样：甲醛、乙醛、苯甲醛、丙酮、环己酮。

6. 羧酸的性质

（1）氧化作用。在 3 支试管中分别加入由 0.5mL 甲酸、0.5mL 乙酸及 0.2g 草酸和 1mL 水所配成的溶液，然后分别加入 1mL 20％的 H$_2$SO$_4$ 溶液和 2～3mL 0.5％的 KMnO$_4$ 溶液加热至沸腾，观察现象。

（2）酸酐的水解反应。取两支试管，其中一支加入 1mL 蒸馏水，另一支加入 1mL 10％ NaOH 溶液。然后分别加入 2 滴乙酸酐到每支试管中，振摇混合。观察现象，若无变化，微热片刻，再观察，比较结果。

五、注意事项

1. 注意酸、碱溶液的使用。
2. 使用易挥发的化学物质时，务必在通风橱内进行。

六、实验结果

1. 写出相关反应的化学方程式。
2. 画出反应流程图并记录实验现象。

七、思考题

1. 苯和甲苯的溴代反应条件有什么不同？各是什么类型的反应？
2. 在区别醛、酮的实验中，若丙酮中含有少量乙醛杂质，应如何去除？
3. 用卢卡斯试剂检验伯醇、仲醇、叔醇的实验，成功的关键在哪里？对于六个碳以上的伯醇、仲醇、叔醇是否都能用卢卡斯试剂进行鉴别？

实验八

呋喃甲醇和呋喃甲酸的制备

一、实验目的

1. 了解坎尼扎罗反应的基本原理。
2. 学习呋喃甲醛在浓碱条件下进行坎尼扎罗反应制备呋喃甲醇和呋喃甲酸的方法。
3. 进一步掌握萃取、蒸馏、重结晶等基本操作。

二、实验原理

坎尼扎罗反应是指不含 α-活泼氢的醛在浓的强碱作用下，自身进行氧化还原反应，一分子醛被氧化成酸，一分子醛被还原成醇的反应。

呋喃甲醛，俗称糠醛，广泛存在于玉米芯、麦秆等纤维物质中。本实验以呋喃甲醛为原料，在浓碱的作用下，制备呋喃甲醇和呋喃甲酸。

$$\text{CHO} + NaOH \longrightarrow \text{CH}_2\text{OH} + \text{COONa} \qquad (1)$$

$$\text{COONa} + HCl \longrightarrow \text{COOH} \qquad (2)$$

三、实验材料

1. 仪器及器具

烧杯，分液漏斗，玻璃棒，圆底烧瓶，蒸馏头，温度计，直形冷凝管，空气冷凝管、尾接管，锥形瓶，布氏漏斗，抽滤瓶，水泵。

2. 试剂和药品

呋喃甲醛，氢氧化钠，乙醚，浓盐酸，无水硫酸镁，pH 试纸。

四、实验步骤

1. 在 100mL 烧杯中加入 4g 氢氧化钠和 6mL 水，溶解后用冰水冷却。
2. 在搅拌下，用滴管将 8.3g 重蒸的呋喃甲醛滴加于氢氧化钠溶液中，滴加过程中用冰水控制反应温度在 10～12℃。
3. 滴加完呋喃甲醛后，继续搅拌 30min，保持温度在 10～12℃。
4. 在得到的米黄色浆状物中，加入适量的水，使沉淀完全溶解至呈暗红色。
5. 将溶液转移至分液漏斗中，每次用 8mL 乙醚萃取，萃取四次。
6. 合并四次萃取的乙醚层，并保留水相。
7. 乙醚层用无水硫酸镁干燥，滤去干燥剂，安装蒸馏装置，用水浴蒸去乙醚。
8. 将直形冷凝管换成空气冷凝管，加热蒸馏，收集 169～172℃的馏分。称量，计算产率。
9. 在搅拌下，向收集的水相中缓慢滴加浓盐酸酸化，至 pH 为 2～3。
10. 冷却，结晶完全后，抽滤，用少量的冰水洗涤产物。
11. 粗产品用水重结晶，得到白色针状的呋喃甲酸固体。称量，计算产率。

五、注意事项

1. 呋喃甲醛为无色或浅黄色液体，存放时间过久会变成棕褐色甚至黑色，同时往往含有水分，因此使用前需要蒸馏提纯，收集 155～162℃的馏分。
2. 歧化反应是在两相间进行的，因此需要搅拌。
3. 加水不宜过多，否则会降低产率。
4. 蒸馏乙醚时要用水浴，周围严禁有明火。
5. 酸化的时候滴加浓盐酸的量要足够，以保证酸化后的 pH 为 2～3。这样可以确保呋喃甲酸充分游离出来，该步骤也是影响呋喃甲酸产率的关键。
6. 重结晶呋喃甲酸时，不要长时间加热，防止呋喃甲酸分解。

六、实验结果

1. 画出反应装置图。
2. 画出实验流程图并记录现象。
3. 计算呋喃甲醇和呋喃甲酸的产率。

七、思考题

1. 反应过程中析出的黄色浆状物是什么？
2. 本实验根据什么原理分离呋喃甲酸和呋喃甲醇？
3. 能否用无水氯化钙干燥呋喃甲醇的乙醚提取液？为什么？
4. 反应结束后，加水溶解的沉淀是什么？
5. 影响产物产率的关键步骤有哪些？
6. 为什么反应中使用的呋喃甲醛要重新蒸馏？长期放置的呋喃甲醛可能含有哪些杂质？若杂质不除去，会对反应造成什么影响？

实验九
乙酰苯胺的制备

一、实验目的

1. 掌握苯胺乙酰化反应的原理和操作。
2. 掌握空气冷凝回流、热过滤和抽滤等操作。

二、实验原理

乙酰苯胺为无色晶体，有退热止痛作用，是较早使用的解热镇痛药，有"退热冰"之称。乙酰苯胺可以通过苯胺分别与乙酰氯、乙酸酐和冰醋酸等酰化试剂反应制备。其中苯胺与乙酰氯反应最剧烈，与乙酸酐反应次之，与冰醋酸反应比较平稳，容易控制，价格也较为便宜。本实验采用冰醋酸作为酰化试剂，反应方程式为：

$$\text{C}_6\text{H}_5\text{NH}_2 + \text{CH}_3\text{COOH} \rightleftharpoons \text{C}_6\text{H}_5\text{NHCOCH}_3 + \text{H}_2\text{O}$$

由于反应是可逆的，所以在反应时一方面加入过量的冰醋酸，一方面应及时除去生成的水。本实验中采用分馏装置，控制柱顶温度，使生成的水蒸出，同时避免乙酸蒸出，使得反应平衡向右移动。

简单分馏装置与普通蒸馏装置的区别在于，前者在蒸馏瓶和蒸馏头之间加上一根适当长短的分馏柱。有机实验中使用的分馏柱有垂刺分馏柱（韦氏分馏柱）和填充分馏柱，如图7所示。在韦氏分馏柱内，每隔一定距离就有一组向下倾斜的刺状物玻璃柱，各组刺状物玻璃柱呈螺旋状排列在分馏管内。其优点是仪器简单，操作方便，残留在分馏柱中的液体少。缺点是分离效率低，一般只适合分离少量且沸点差距较大的液体。填充分馏柱是在玻璃管内充以各种惰性填料，以增加表面积，使得气液两相充分接触，提高分离效率。填充分馏柱分离效率较高，适合分离沸点差距较小的液体混合物。

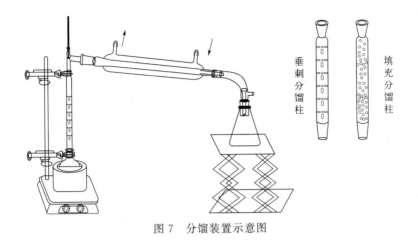

图 7　分馏装置示意图

三、实验材料

1. 仪器及器具

圆底烧瓶，韦氏分馏柱，温度计，尾接管，锥形瓶，布氏漏斗，抽滤瓶，水泵，电热套，表面皿。

2. 试剂和药品

苯胺，冰醋酸，活性炭，锌粉。

四、实验步骤

1. 在 25mL 圆底烧瓶中加入 2.5mL 苯胺、3.7mL 冰醋酸和少量锌粉。

2. 搭好反应装置，在圆底烧瓶上端装上一支韦氏分馏柱，分馏柱顶端插上蒸馏头和温度计，蒸馏头支管直接和尾接管相连，用锥形瓶收集馏出液。

3. 用电热套加热圆底烧瓶，至反应物沸腾。

4. 调节加热温度，保持温度在 105℃左右，反应 40～60min 后，反应中生成的水（含少量乙酸）可完全蒸出。

5. 当温度计读数大幅下降并不再有水蒸出时，停止加热。

6. 在不断搅拌作用下，将反应混合物趁热倒入盛有 100mL 冷水的烧杯中，用玻璃棒充分搅拌，冷却至室温，待固体充分析出后，抽滤。

7. 用 5mL 冷水洗涤产品，抽干，得到粗产物。

8. 将所得的粗产品转移至盛有 1000mL 热水的烧杯中，加热煮沸，使之完全溶解。

9. 停止加热，待稍微冷却后，加入 0.5g 活性炭，在搅拌下再次加热煮沸 2～3min。

10. 趁热用预先加热好的布氏漏斗抽滤，将滤液冷却至室温，得到白色片状晶体。

11. 抽滤，每次用 3～5mL 蒸馏水洗涤结晶 3 次，将结晶固体转移至干净的表面皿上，干燥，得到纯的产品。

五、注意事项

1. 苯胺有毒，取用时动作要迅速，注意不要吸入其蒸气或者接触皮肤。
2. 加入活性炭时，务必要稍微冷却后才加入，防止引起暴沸，致使溶液冲出烧杯。
3. 维持分馏柱的温度在 105℃ 左右，温度不可过高，防止乙酸未反应被大量蒸出。
4. 反应结束后，应趁热将反应物倒入冷水中，防止乙酰苯胺凝固。

六、实验结果

1. 画出反应装置图。
2. 画出实验流程图并记录实验现象。
3. 计算乙酰苯胺的产率。

七、思考题

1. 本实验中采取哪些措施提高乙酰苯胺的产率？
2. 反应过程中为什么要控制分馏柱顶部的温度不超过 105℃？超过这个温度会有什么影响？
3. 重结晶中，加入活性炭的目的是什么？为什么要稍微冷却后才加入？

实验十
环己烯的制备

一、实验目的

1. 学习环己醇制备环己烯的原理及方法。
2. 掌握分馏的原理及操作。

二、实验原理

烯烃是重要的有机化工原料。工业上主要通过石油裂解的方法制备烯烃，有时也利用醇在氧化铝等催化剂作用下，进行高温催化脱水制取。实验室则主要用浓硫酸、浓磷酸作催化剂使醇脱水或卤代烃在醇钠作用下脱卤化氢制备烯烃。

本实验以磷酸为催化剂，通过环己醇分子内脱水制备环己烯。

主反应：

$$\text{（环己醇）} \xrightarrow{85\%\ H_3PO_4} \text{（环己烯）} + H_2O \tag{1}$$

副反应：

$$2\ \text{（环己醇）} \xrightarrow{85\%\ H_3PO_4} \text{（二环己醚）} \tag{2}$$

主反应为可逆反应，反应的同时蒸出生成的环己烯和水形成的二元共沸物（沸点 70.8℃，含水 10%），使平衡向右移动。但原料环己醇也能与水形成二元共沸物（沸点 97.8℃，含水 80%）。为了使产物以共沸物的形式蒸出，本实验采用分馏装置，并控制柱顶温度不超过 90℃。

三、实验材料

1. 仪器及器具

圆底烧瓶，分馏柱，温度计，直形冷凝管，尾接管，分液漏斗，锥形瓶。

2. 试剂和药品

环己醇，浓磷酸，饱和食盐水，无水氯化钙。

四、实验步骤

1. 在装有分馏装置的 50mL 干燥的圆底烧瓶中加入 5mL 环己醇和 2.5mL 浓磷酸，充分振荡，混匀，加入沸石，加热混合物至沸腾。

2. 慢慢蒸出生成的环己烯和水。注意控制分馏柱顶部的温度不超过 90℃，以确保能将环己烯和水蒸出而环己醇和水生成的共沸物不被蒸出。

3. 当温度下降，不再有馏出物时，停止加热。

4. 将馏出物转移至分液漏斗中，加入等体积的饱和氯化钠溶液洗涤，弃去水层。

5. 再用 5mL 10% 的碳酸钠溶液洗涤有机相，弃去水层。

6. 用蓝色石蕊试纸检测有机相，若为酸性，则继续用 5mL 10% 的碳酸钠溶液洗涤，直至有机相不呈酸性。

7. 用饱和氯化钠溶液洗涤有机相，弃去水层。

8. 将有机相转移至锥形瓶中，用无水氯化钙干燥粗产品。

9. 将干燥后的粗产品过滤到圆底烧瓶中进行蒸馏，收集 80～85℃ 的馏分，称量，计算产率。

五、注意事项

1. 环己醇与磷酸应充分搅拌混合均匀，否则在加热过程中容易局部炭化，使溶液变黑。

2. 反应加热时温度不宜过高，蒸馏速度不宜过快，以 2～3s 馏出一滴为宜，以减少环己醇的损失。

3. 收集和转移环己烯时应充分冷却，以免因挥发而损失。

4. 蒸馏前应将硫酸镁过滤除去，过滤时滤纸不可用水浸湿。

5. 蒸馏时应使用充分干燥的玻璃仪器。

六、实验结果

1. 画出实验流程图并记录实验现象。

2. 计算环己烯的产率。

七、思考题

1. 在制备环己烯的过程中为什么要控制分馏柱顶部的温度不超过 90℃?
2. 蒸馏时加入沸石的作用是什么?
3. 能否用其他的催化剂制备环己烯?
4. 纯化环己烯时,为什么用等体积的饱和食盐水洗涤而不用水洗涤?
5. 用磷酸作催化剂相比于硫酸作催化剂的优缺点是什么?

实验十一
苯甲酸的制备

一、实验目的

1. 掌握芳香烃通过氧化反应制备羧酸的原理和方法。
2. 掌握重结晶的提纯方法。

二、实验原理

苯甲酸俗称安息香酸，通常作为食品、水果的防腐剂，也可用于合成染料、药物、香料等。工业上苯甲酸是在钴、锰等催化剂作用下用空气氧化甲苯制得或者由邻苯二甲酸酐水解脱羧制得。

$$\text{（甲苯）} + 2KMnO_4 \longrightarrow \text{（苯甲酸钾）} + KOH + 2MnO_2 + H_2O \tag{1}$$

$$\text{（苯甲酸钾）} + HCl \longrightarrow \text{（苯甲酸）} + KCl \tag{2}$$

三、实验材料

1. 仪器及器具

圆底烧瓶，球形冷凝管，量筒，抽滤瓶，布氏漏斗，烧杯，酒精灯，滴管，滤纸，玻璃棒，表面皿。

2. 试剂和药品

甲苯，高锰酸钾，浓盐酸，亚硫酸氢钠。

四、实验步骤

1. 在装有回流装置的 50mL 圆底烧瓶中加入 0.8mL 甲苯和 30mL 水，在磁力搅拌下加热沸腾。
2. 从冷凝管上口分批次缓慢加入 2.4g 高锰酸钾固体。
3. 用少量水冲洗冷凝管内壁，继续回流至不再有明显油珠为止。
4. 将反应混合物趁热过滤，并用少量热水洗涤，滤液若呈紫色，再加入少量饱和亚硫酸氢钠溶液。振荡使紫色褪去，趁热抽滤。
5. 将滤液倒入烧杯中，置于冰水浴中冷却。
6. 用浓盐酸酸化滤液，至苯甲酸全部析出。
7. 抽滤，用少量冷水洗涤，挤压除去水分。
8. 用水重结晶产品，干燥，称量，并计算产率。

五、注意事项

1. 高锰酸钾应分批次加入，避免反应过于剧烈。
2. 用浓盐酸酸化时，一般调节到 pH 为 3～4 即可。
3. 将析出的苯甲酸抽滤时，应先洗干净抽滤瓶，以免滤纸破损将固体抽到瓶内而受到污染。

六、实验结果

1. 画出反应装置图。
2. 画出实验流程图并记录实验现象。
3. 计算苯甲酸的产率。

七、思考题

1. 实验结束后，附着在瓶壁上的黑色物质是什么？如何除去？
2. 该方法是否适用于实验室氧化其他类型的带有支链的芳香烃？
3. 影响苯甲酸产率的因素有哪些？

实验十二
环己酮的制备

一、实验目的

1. 学习由环己醇氧化制备环己酮的反应原理和方法。
2. 学习水蒸气蒸馏的实验操作。

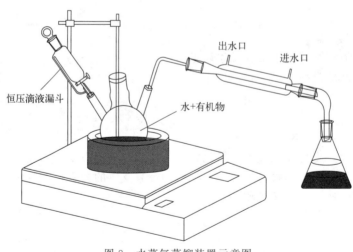

图 8　水蒸气蒸馏装置示意图

二、实验原理

环己酮是应用十分广泛的石油化工原料。本实验以酸性重铬酸为催化剂，通过环己醇氧化制备环己酮。铬酸是由重铬酸钠（或重铬酸钾）和 $40\%\sim50\%$ 的硫酸混合而成。醇的铬酸氧化是一个放热反应，反应中需要严格控制温度。

$$\text{OH} + Na_2Cr_2O_7 + H_2SO_4 \longrightarrow \text{O} + Cr_2(SO_4)_3 + Na_2SO_4 + H_2O$$

水蒸气蒸馏是分离纯化有机化合物的重要方法之一，它是将水蒸气通入含有不溶或微溶于水但有一定挥发性的有机物的混合物中，并加热使之沸腾，使待提纯的有机物在低于100℃的情况下随水蒸气一起被蒸馏出来，从而达到分离提纯的目的。水蒸气蒸馏装置如图8所示。

三、实验材料

1. 仪器及器具

烧杯，圆底烧瓶，温度计，蒸馏头，直形冷凝管，尾接管，分液漏斗，锥形瓶，玻璃棒，三口烧瓶。

2. 试剂和药品

重铬酸钠，浓硫酸，环己醇，乙醚，15％碳酸钠溶液，无水硫酸钠，蒸馏水。

四、实验步骤

1. 铬酸溶液的制备

将 60mL 水和 20g 重铬酸钠加入 50mL 烧杯中，用玻璃棒搅拌溶解后，缓慢滴加 14.8mL 浓硫酸，得到红色铬酸溶液，冷却至室温备用。

2. 环己酮的制备

(1) 取 250mL 的三口烧瓶，依次装上 50mL 滴液漏斗、搅拌装置和直形冷凝管。

(2) 在三口烧瓶中，依次加入 5.3mL 环己醇、25mL 乙醚，用冰水浴冷却至 0℃。

(3) 同时用冰水浴冷却铬酸溶液至 0℃，加入滴液漏斗中，在剧烈搅拌下，将铬酸溶液滴入三口烧瓶中。控制温度在 55～60℃。

(4) 滴加完后，继续剧烈搅拌 20min，用分液漏斗分出有机相。

(5) 水相用乙醚（15mL，两次）萃取，合并有机层。

(6) 有机层依次用 15％碳酸钠溶液、蒸馏水洗涤，用无水硫酸钠干燥。

(7) 将粗产品转入三口烧瓶中，用 50～55℃水浴蒸馏回收乙醚，再进行普通蒸馏，收集 152～155℃的馏分。

(8) 称重，计算产率。

五、注意事项

1. 加铬酸溶液时，温度要控制在 55～60℃，温度过低反应困难，温度过高则副反应增多。

2. 废酸液注意不要接触到皮肤，也不可随意丢弃。

3. 环己酮相对密度和水相差不大，且在水中有一定的溶解度。如果出现分层不明显的现象，可加入饱和食盐水，再分层萃取。

六、实验结果

1. 画出反应装置图。
2. 画出实验流程图及记录实验现象。
3. 计算环己酮的产率。

七、思考题

1. 为什么环己醇用铬酸氧化得到环己酮，用高锰酸钾氧化则得到己二酸？
2. 蒸馏产物应如何选择冷凝管？
3. 为什么将铬酸溶液分批加入三口烧瓶中？

参 考 文 献

[1]　袁金伟，肖永梅.有机化学实验.北京：化学工业出版社，2022.
[2]　朱文，肖开文，等.有机化学实验.北京：化学工业出版社，2021.
[3]　周淑晶，王桂艳，宿辉.有机化学实验.北京：化学工业出版社，2020.
[4]　刘湘，刘士荣.有机化学实验.北京：化学工业出版社，2020.
[5]　王书华.有机化学实验.北京：科学出版社，2018.
[6]　丁长江.有机化学实验.第2版.北京：科学出版社，2016.
[7]　吴美芳，李琳，等.有机化学实验.北京：科学出版社，2013.
[8]　李明，刘永军，等.有机化学实验.北京：科学出版社，2010.

第三篇
物理化学实验

实验一

液体饱和蒸气压的测定

一、实验目的

1. 明确纯液体饱和蒸气压的定义和气液两相平衡的概念，深入了解纯液体饱和蒸气压和温度的关系；克拉佩龙-克劳修斯方程式。

2. 学会通过数据拟合求被测液体在实验温度范围内的平均摩尔蒸发焓与正常沸点。

3. 掌握测定液体饱和蒸气压的方法。

二、实验原理

在一定的温度下，纯液体与其蒸气达平衡状态时的蒸气压力，称为该温度下的饱和蒸气压。这里的平衡状态是指动态平衡。在某一温度下，被测液体处于密封容器中，液体分子从表面逃逸成蒸气，同时蒸气分子因碰撞而凝结成液体，当两者的速度相同时，就达到动态平衡，此时气相中的蒸气密度不再改变，因而具有一定的饱和蒸气压。

蒸发 1mol 液体所吸收的热量称为该温度下液体的摩尔汽化热。

液体的蒸气压随温度而变化，温度升高时，蒸气压增大；温度降低时，蒸气压降低，这主要与分子的动能有关。当蒸气压等于外界压力时，液体便沸腾，此时的温度称为沸点。外压不同时，液体的沸点将相应改变，当外压为 1atm（101.325kPa）时，液体的沸点称为该液体的正常沸点。

纯液体的饱和蒸气压与温度的关系可用克拉佩龙（Clapeyron）方程式表示：

$$\frac{\mathrm{d}p}{\mathrm{d}T} = \frac{\Delta_{\mathrm{vap}} H_{\mathrm{m}}}{T \Delta V_{\mathrm{m}}} \tag{1}$$

设蒸气为理想气体，并略去液体的体积，可将上式变为克拉佩龙-克劳修斯（Clapeyron-Clausius）方程式：

$$\frac{\mathrm{dln}p}{\mathrm{d}T} = \frac{\Delta_{\mathrm{vap}} H_{\mathrm{m}}}{RT^2} \tag{2}$$

当温度范围变化不大时，摩尔汽化焓 $\Delta_{vap}H_m$ 可视为常数，积分后则有：

$$\ln p = -\frac{\Delta_{vap}H_m}{R}\frac{1}{T}+C \tag{3}$$

式中，C 为积分常数。由式(3) 可知，测定待测纯液体不同温度下的饱和蒸气压，以 $\ln p$ 对 $1/T$ 作图得一直线，由直线斜率可求出实验温度范围内该纯液体的平均摩尔蒸发焓 $\Delta_{vap}H_m$。同时，由直线上的截距可确定积分常数 C，进而推算出 101.325kPa 时液体的正常沸点温度。

测定液体蒸气压常用的方法有静态法、动态法和饱和气流法等。本实验采用静态法测定纯乙醇在不同温度下的饱和蒸气压，即在一定温度下，将待测液体乙醇置于密闭系统中，调节密闭系统的外压以平衡液体上方的蒸气压，测出外压即可得到该温度下液体的饱和蒸气压。该法能很好地适用饱和蒸气压较大的液体测定，但对于较高温度下的饱和蒸气压测定，其准确性下降。

三、实验材料

1. 仪器及器具

饱和蒸气压测试装置（图1），循环水真空泵。

2. 试剂和药品

无水乙醇（AR），真空硅脂。

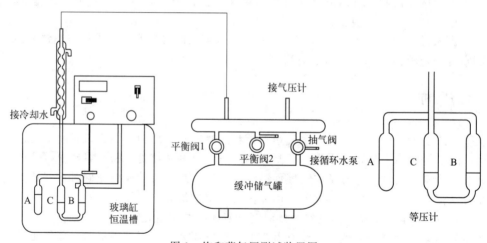

图 1　饱和蒸气压测试装置图

四、实验步骤

1. 采零压力计

（1）在恒温槽中加水至水位浸没搅拌杆粗杆 2cm 左右。

（2）打开仪器电源。

（3）"平衡阀1""平衡阀2""抽气阀"，3 个阀门均打开（缓冲储气罐中无真空），按仪器面板上的"采零"键，对压力计采零。

2. 气密性检查

(1) 在等压计不装乙醇的情况下，等压计连上管路，注意要在等压计冷凝管上方磨口处涂抹真空硅脂。

(2) 关闭"平衡阀2（进气阀）"，打开"平衡阀1"和"抽气阀"。启动抽气泵至约−90kPa，此时，数字压力表的显示值即为缓冲储气罐中的压力值（与大气压相比）。

(3) 关闭"抽气阀"，停止抽气，再关闭"平衡阀1"，观察数字压力表，若显示数字下降值在标准范围内（小于0.01kPa/s），说明整体气密性良好。否则需要查找并清除漏气原因，直至合格。

3. 装试样

(1) 在上一步，"平衡阀1""平衡阀2""抽气阀"，3个阀门均处于关闭状态。此时，保持"平衡阀1"和"抽气阀"关闭，打开"平衡阀2"，让空气进入等压计，取下等压计磨口连接管，在等压计里加入乙醇，使A、B、C三池的液面高度均约在2/3处；重新把等压计置于恒温水浴，在等压计上抹好真空硅脂，连接好各管路。

(2) 等压计的冷凝管通冷却水。

4. 测定乙醇的饱和蒸气压

(1) 调节恒温水浴温度，例如室温是28℃，设置的起始温度比室温高3℃左右，即31℃。将仪器面板上的"工作/置数"键，切换为"置数"，设置温度；然后再切换为"工作"状态，此时恒温槽就会工作，使水浴温度达到所设置的温度。此时，"平衡阀1"和"抽气阀"处于关闭状态，"平衡阀2"处于开启状态。

(2) 当水浴温度达到所设置的温度时，关闭"平衡阀2"，缓慢打开"平衡阀1"，打开"抽气阀"，开启抽气泵，对等压计进行抽气，使压力计显示−90kPa左右，使等压计中的气泡缓慢上升（气泡不连成线），此时即乙醇处于沸腾状态，保持沸腾至少3min，以排除等压计A、B池间的空气。

(3) 关闭"平衡阀1"和"抽气阀"，停止抽气，拔下抽气管。

(4) 缓慢打开"平衡阀2（进气阀）"，漏入空气，使等压计C池液面下降，直至B、C池的液面相平时，关闭"平衡阀2"。读取压力计的读数，记录下来。

(5) 若C池的液面过低，可微微打开"平衡阀1"，让缓冲储气罐抽气，使C池液面高于B池，关闭"平衡阀1"，然后重复上述（4）的操作。

(6) 再在此温度下测定1次蒸气压。即微微打开"平衡阀1"，让缓冲储气罐抽气，使C池液面高于B池，然后关闭"平衡阀1"；再缓慢打开"平衡阀2（进气阀）"，漏入空气，使等压计C池液面下降，直至B、C池的液面相平时，关闭"平衡阀2"；读取压力计的读数，记录下来。

(7) 如法测定各温度下乙醇的饱和蒸气压：此时，"平衡阀1""平衡阀2"和"抽气阀"均处于关闭状态，系统中的压力是上一步设定温度对应的饱和蒸气压；设置水浴温度，在恒温水浴升温过程中，随着温度的升高，会观察到乙醇重新沸腾，即有气泡从C池冒出；如果乙醇沸腾得太厉害，可以微微打开"平衡阀2"，漏入少许空气，轻微增大系统压力，然后再关闭"平衡阀2（进气阀）"，即注意使乙醇保持微沸状态（气泡冒出，但不连成线）；当温度到达设定温度时，让乙醇继续保持微沸状态（气泡冒出，但不连成线）3～5min，打开"平衡阀2"，使B、C池的液面相平时，关闭"平衡阀2"。读取压力计的读数，记录下来。即按上述（4）、（5）和（6）的操作进行。

5. 结束实验

(1) 打开"平衡阀1""平衡阀2""抽气阀"，让空气缓慢进入系统，关闭仪器电源。

(2) 关冷却水，拆除等压计管路，将等压计中的乙醇倒出。

(3) 关闭真空泵。

(4) 做好台面整理和清洁工作。

五、注意事项

(1) 所有阀门必须缓慢调节，切忌用力过猛。

(2) 气密性检查这一步不可省略，若体系的气密性出问题，会严重影响饱和蒸气压的测量。

(3) 等压计的 U 形管中不可装太多乙醇，否则既不利于观察液面，也易倒灌。

(4) 等压计的平衡管必须放置于恒温水浴的液面以下，以保证试液温度的准确度。

(5) 漏入空气必须缓慢，否则 U 形等位计中的液体将冲入试液球（即 A 池）中。

(6) 测定过程中，如果不慎使空气倒灌入 A 池（例如，有乙醇从 B 池进入 A 池，或观察到有气泡从 C 池向 B 池冒出），则须重新抽真空后方能继续测定。

(7) 温度较高时，例如 40℃以上，乙醇容易发生暴沸，可缓缓打开平衡阀2，漏入少量空气，防止管内液体大量挥发而影响实验进行。

(8) 通常缓冲储气罐中保持的真空度可以保证整个实验进行，无须重复接真空泵抽气。

(9) 关闭真空泵前，一定要先将系统排空（即将体系通大气），或拔出系统与真空泵的连接管，再关闭真空泵，以免真空泵的水或油倒灌入系统。

(10) 玻璃等压计非常脆弱，必须小心操作。

六、实验结果

将不同温度下测定乙醇的饱和蒸气压记录于表1。

表 1　不同温度下测定乙醇的饱和蒸气压

温度：
大气压力1(实验前)：　　　　　　　　　　大气压力2(实验后)：
大气压力平均值：

项目	温度					
	25℃	30℃	35℃	40℃	45℃	50℃
$10^3/T/\text{K}^{-1}$						
$\Delta p/\text{kPa}$	1	1	1	1	1	1
	2	2	2	2	2	2
	平均	平均	平均	平均	平均	平均
p/kPa						
$\ln p$						
$\Delta_{\text{vap}}H_\text{m}/(\text{kJ/mol})$						

注：1. 温度栏可先不填；开始温度比室温高3℃左右，步长一般设定为5℃。

2. $p = p_0 + \Delta p$，p_0 为大气压力。

数据处理要求：

1. 根据公式 $\ln p = -\dfrac{\Delta_{vap} H_m}{R} \times \dfrac{1}{T} + C$，以 $\ln p$ 对 $10^3/T$ 作图，通过线性拟合，求出乙醇在该实验温度区间内的平均摩尔蒸发焓 $\Delta_{vap} H_m$（此时求得的 $\Delta_{vap} H_m$ 的单位为 kJ/mol）。建议用 Origin 软件进行作图和拟合。

2. 求乙醇的正常沸点，即 101.325kPa 下的沸点。

七、思考题

1. 克劳修斯-克拉佩龙方程式在什么条件下适用？
2. 如果等压计中 A、B 池内空气未被驱除干净，对实验结果有何影响？
3. 本实验的方法能否用于测定溶液的蒸气压？为什么？
4. 本实验产生误差的因素有哪些？

实验二
阿贝折射仪测定乙醇的含量

一、实验目标

1. 了解阿贝折射仪测定液体折射率的测量原理。
2. 熟悉阿贝折射仪的使用方法。
3. 研究乙醇的折射率与其浓度的关系。

二、实验原理

1. 物质的折射率

折射率是透明材料的重要物理常数之一，与物质的结构有关，在一定条件下，纯物质具有恒定的折射率。折射率常被用来鉴定未知物或鉴定物质的纯度。测定值越接近文献值，表明样品的纯度越高。

光线从一种介质进入另一种介质时，由于光传播速度的不同，造成其传播方向发生改变的现象称为折射现象。通常把光在空气中的传播速度与其在待测物中的传播速度之比称为折射率。由折射定律可知，波长一定的单色光，在一定温度下，由介质 A 进入另一介质 B 时（图 2），入射角 i 与折射角 r 的正弦之比与这两个介质的折射率 N（介质 A）与 n（介质 B）有以下关系：

$$\frac{\sin i}{\sin r} = \frac{n}{N} \tag{1}$$

若介质 A 是真空，则其折射率为 1（即 $N=1$），入射角的正弦与折射角的正弦之比，称为该介质的绝对折射率，简称折射率，用 n 表示。

$$n = \frac{\sin i}{\sin r} \tag{2}$$

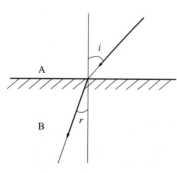

图 2 光的折射现象

通常测定的折射率都是以空气作为比较标准的。液体的折射率不但与物质结构和入射光的波长有关，而且也受温度、压力等因素的影响。由于大气的变化对折射率的测定影响并不显著，所以，通常表示折射率时只标明入射光线的波长和测定时的温度。例如，在入射光为钠的黄光（波长为589.3nm），测定温度为20℃时，水的折射率为1.3329，表示为 $n_D^{20} = 1.3329$。这里 n 代表折射率，20代表测定时的温度（℃），D代表钠光。

溶液折射率的大小也依赖于溶液的浓度，因此，可用折射法测溶液的浓度。本实验利用阿贝折射仪测定一系列已知准确浓度的乙醇溶液的折射率，用折射率对浓度作图，可求得待测乙醇溶液的浓度。

2. 阿贝折射仪的测定原理

阿贝折射仪就是专门用于测量透明或半透明液体的折射率的仪器。阿贝折射仪测量折射率的原理如图3所示。

如图3所示，当光线由待测折射率为 n 的介质入射到折射率为 n_1 的直角三棱镜 ABC 时，一般来说相当于光线从光疏介质进入光密介质，入射角一定大于折射角。当入射角增大时，折射角也增大，当入射角为90°时，折射角达到最大，此时折射角称为临界角。沿 BA 掠射的光线（即入射角为90°）经 AB 面折射后以临界角 α 进入折射棱镜，然后以 i 角从 AC 面进入空气中。所有入射角小于90°的入射光线经 AB 面折射后的折射角均小于临界角 α，从 AC 边出射时光线均在光线 $1'$ 上方。即在临界角以内的区域都有光线通过，是明亮的；在临界角以外的区域没有光线通过，是暗的。在临界角上正好是"半明半暗"（图4）。阿贝折射仪目镜上有一个十字交叉线，若十字交叉线和明暗分界线重合，就表示光线从被测液体进入棱镜时的入射角正好是90°。

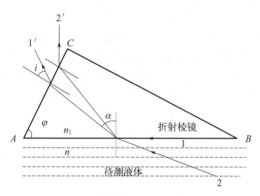
图3　阿贝折射仪测量折射率的原理

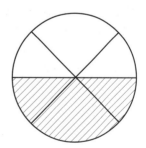
图4　目镜视场

不同折射率有不同的临界角，故一定的 i 角对应于一定的折射率值。根据光路原理，可以得出以下关系：

$$n = \sin\varphi \sqrt{n_1^2 - \sin^2 i} - \cos\varphi \sin i \tag{3}$$

因此，通过测定临界角的相对位置，经过换算就可以找出液体的折射率，阿贝折射仪的刻度是经过换算后的折射率的读数，故可直接读出折射率。

3. 阿贝折射仪的使用方法

阿贝折射仪外形如图5所示。

阿贝折射仪使用方法如下：

（1）仪器的安装。仪器应放在光线充足的靠窗实验台上，或用普通白炽灯作为光源。在

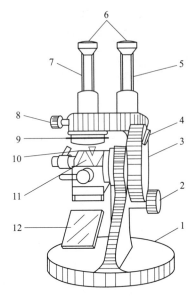

图 5　阿贝折射仪外形示意图
1—底架；2—棱镜转动手轮；3—圆盘组；
4—小反光镜；5—读数镜筒；6—目镜；
7—望远镜筒；8—阿西米棱镜手轮；
9—色散值刻度圈；10—棱镜锁紧扳手；
11—棱镜组；12—反光镜

精密测定时，棱镜保温夹套内应通入恒温水，恒温水可由精密恒温槽提供。

（2）清洗棱镜镜面。松开棱镜锁紧扳手，开启辅助棱镜，使镜面处于水平位置。用滴管吸取 1～2 滴丙酮（或去离子水）滴于棱镜面上，合上棱镜，使上下镜面全部被丙酮润湿，再打开棱镜，然后用擦镜纸擦干丙酮。

（3）加样。滴加数滴样品于辅助棱镜的毛玻面上，闭合棱镜，旋紧棱镜锁紧扳手。如样品是易挥发液体，可从两棱镜间的加液小槽加入，再旋紧棱镜锁紧扳手。

（4）对光。转动棱镜转动手轮，使刻度盘标尺上的示值最小。调节底部反光镜。同时从测量望远镜中观察，使视野最亮。

（5）测定。转动棱镜转动手轮，使刻度标尺上的示值逐渐增大，当视野出现明暗分界线和彩色光带（白光的色散现象）时，转动消色散旋钮（即阿西米棱镜手轮），使视野的明暗界线达到最清晰。再精细调节棱镜转动手轮，使明暗界线正好位于十字线的交叉点上，如此时出现微色散，重调消色散旋钮使界线清晰（图4）。

（6）读数。读数时先打开刻度盘罩壳上方的读数小窗，使光线射入，从读数望远镜中，读出标尺上相应的示值。为了减少误差，应转动棱镜转动手轮，重复测定 3 次（每次读数相差不宜大于 0.0003），然后，取 3 次读数的平均值。

（7）清洁棱镜面。测定完毕，用丙酮（或去离子水）洗净镜面，再用擦镜纸擦干。

（8）仪器校正。仪器需定期进行校正。阿贝折射仪的刻度标尺上面的读数是根据钠光 D 线的折射率直接标度的（1.3000～1.7000）。校正的方法是用一已知折射率的标准液体（一般用纯水），按上述方法进行测定，将平均值与标准值比较，其差值即为校正值。纯水的 $n_D^{20}=1.3329$，在 15～30℃之间的温度系数约为 $-0.0001℃^{-1}$。

三、实验材料

1. 仪器和器具

阿贝折射仪，擦镜纸。

2. 试剂和药品

丙酮（AR），乙醇质量分数分别是 10％、20％、30％、40％和 50％的乙醇水溶液，未知浓度的乙醇溶液，去离子水。

四、实验步骤

1. 在室温下，按前述阿贝折射仪的使用方法和步骤，分别测定去离子水和 10％、20％、30％、40％、50％（质量分数）乙醇水溶液的折射率。

2. 在室温下，测一个未知浓度的乙醇溶液的折射率。

3. 测量完毕，清洗折射仪棱镜面，并用擦镜纸擦干。

五、注意事项

1. 阿贝折射仪应放在干燥、空气流通和温度适宜的地方，以免仪器的光学零件受潮发霉。

2. 在阿贝折射仪使用前后及更换试样时，必须清洗棱镜面，并用擦镜纸擦干。

3. 阿贝折射仪的关键部位是棱镜，必须注意保护。滴加液体时，滴管的末端切不可触及棱镜，擦拭棱镜时要单向擦，不要来回擦，以免在镜面上造成痕迹。

4. 严禁腐蚀性液体、强酸、强碱、氟化物等的使用。

5. 搬动仪器时应避免强烈震动和撞击，防止光学零件损伤而影响精度。

六、实验结果

将阿贝折射仪测定乙醇水溶液的折射率记录于表 2。

表 2　阿贝折射仪测定乙醇水溶液的折射率

温度：

项目	乙醇水溶液的浓度（质量分数）						待测溶液
	0%	10%	20%	30%	40%	50%	
折射率							
平均值							

数据处理要求：

1. 以溶液中乙醇的质量分数为横坐标、折射率为纵坐标作图，并进行线性拟合，建议用 Origin 软件进行。

2. 从上述拟合结果算出或从图上查出未知液的质量分数。

七、思考题

1. 折射率的定义是什么？它与哪些因素有关？

2. 在阿贝折射仪两棱镜间没有液体或液体已挥发，是否能观察到临界折射现象？

实验三

双液系气-液平衡相图

一、实验目的

1. 掌握用折射率确定双组分液体组成的方法。

2. 掌握测定双组分液体的沸点的方法。

3. 绘制在大气压下乙酸乙酯-乙醇双液系的气-液平衡相图,了解相图和相律的基本概念。

二、实验原理

1. 气-液相图

液体的沸点是指液体的蒸气压和外压相等时的温度。在一定的外压下,纯液体的沸点有确定值。

两种在常温时为液态的物质混合起来而成的二组分体系称为双液系,若两种液体能按任意比例相互溶解,则称为完全互溶双液系。对于双液系,其沸点不仅与外压有关,还与双液系的组成有关。

在恒定压力下,表示溶液沸点与组成关系的相图称为沸点-组成图,即为 T-x 图。完全互溶双液系的 T-x 图可分为以下三类:

(1)溶液的沸点介于两个纯物质沸点之间 [图 6(a)]。混合溶液为理想溶液或者各组分对拉乌尔定律偏差不大的体系属于这一类,如苯-甲苯、邻二甲苯-间二甲苯等。

(2)溶液有最高恒沸点 [图 6(b)]。混合溶液由于两组分互相影响,与拉乌尔定律有较大负偏差的体系属于这一类,如氯化氢-水、硝酸-水、丙酮-氯仿等。

(3)溶液有最低恒沸点 [图 6(c)]。混合溶液由于两组分互相影响,与拉乌尔定律有较大正偏差的体系属于这一类,如水-乙醇、苯-乙醇、异丙醇-环己烷等。

第(2)、(3)类溶液在最高或最低沸点时的气液两相组成相同。加热蒸发的结果只使气相总量增加，气液组成及溶液沸点保持不变，因此这时的温度叫作恒沸点，相应的组成叫作恒沸组成。

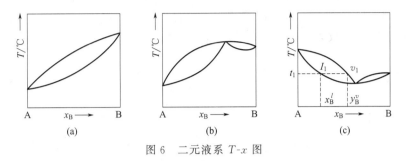

图 6 二元液系 $T\text{-}x$ 图

本实验所要测绘的乙酸乙酯-乙醇系统的 $T\text{-}x$ 图即属图 6(c) 类型。为了测定双液系的 $T\text{-}x$ 图，需在气液相达平衡后，同时测定气相组成、液相组成和溶液沸点。例如在图 6(c) 中与沸点 t_1 对应的气相组成是气相线上 v_1 点对应的 y_B^v，液相组成为液相线上 l_1 点对应的 x_B^l。实验测定整个浓度范围内不同组成溶液的气液相平衡组成和沸点后，就可绘出 $T\text{-}x$ 图。

2. 沸点仪测定

各种沸点仪的具体构造虽各有特点，但其设计思想都集中于如何正确测定沸点、便于取样分析、防止过热及避免分馏等方面。本实验采用的沸点仪如图 7 所示。这是一只带长支管和侧管的长颈圆底烧瓶，长支管连接冷凝管，长支管中部有用于收集冷凝下来的气相样品的凹槽。侧管用于溶液的加入和液相样品的吸取。电流经稳压电源和电线通过加热棒，对烧瓶中的液体进行加热。气液平衡温度通过精密数字温度计或水银温度计测得。

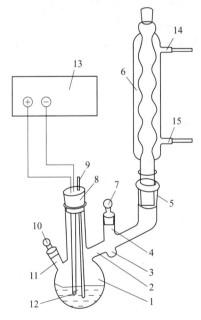

图 7 沸点仪

1—长颈圆底烧瓶；2—长支管；3—收集气相样品的凹槽；4—收取通道；5—支管开口；
6—冷凝管；7—收取塞；8—烧瓶塞；9—温度计；10—侧管塞；11—侧管；12—加热棒；
13—电源；14—冷凝水出水口；15—冷凝水进水口

3. 组成分析

本实验选用的乙酸乙酯和乙醇，两者折射率相差颇大，而折射率测定又只需要少量样品，所以，可用折射率-组成标准曲线来测得平衡体系的两相组成。注意物质的折射率和温度有关，温度系数大多数为$-0.0004K^{-1}$。

三、实验材料

1. 仪器及器具

阿贝折射仪 1 台，调压变压器或稳压电源 1 台，沸点仪 1 个，水银温度计（50～100℃，分度值 0.1℃）1 支，铁架台，升降台，烧瓶夹，刻度移液管，滴管，烧杯，洗耳球。

2. 试剂和药品

乙酸乙酯（AR），无水乙醇（AR），丙酮（AR），乙醇质量分数分别是 20％、40％、60％和 80％的乙醇-乙酸乙酯标准混合物，冰。

四、实验步骤

1. 用阿贝折射仪测定一系列已知组分的乙醇-乙酸乙酯标准混合物的折射率，记录于表 3 中，制作乙醇-乙酸乙酯的折射率-组成标准曲线。

2. 测定溶液的沸点及平衡时气-液两相的折射率。

（1）按图 7 连接好沸点仪实验装置。注意使加热棒和温度计不要太靠近；检查装置的气密性。

（2）在干净干燥的沸点仪中加入 20mL 乙酸乙酯和 2.5mL 乙醇（即第Ⅰ组中第 1 个样品），可从沸点仪侧管中加入。接通冷凝水和电源，注意不要短路，按"稳压电源"的使用说明，调节加热电流，使电热棒将液体加热至缓慢沸腾。因最初在长支管凹槽内的液体不能代表平衡气相的组成，为加速达到平衡，用吸管将其吹回蒸馏瓶内，重复三次（注意加热时间不宜太长，以免物质挥发），待温度稳定后，记录下溶液的沸点。停止加热，分别冷却气相冷凝液、液相溶液，测其折射率。上述数据均记录于表 4 中。

（3）按步骤（2）同样的方法测量第Ⅰ组其他样品的沸点、气液平衡时的气、液相折射率。

（4）测完第Ⅰ组全部样品后，倒出溶液至废液回收桶中，然后按步骤（2）的方法测量第Ⅱ组各样品的沸点、气液平衡时的气、液相折射率。

（5）实验完毕，倒出溶液至废液回收桶中。

3. 拆卸实验装置，清洁和整理相关仪器。

五、注意事项

1. 不要用水洗玻璃仪器，用洗耳球吹干。
2. 加热时小心短路，严禁干烧。
3. 加热棒尽可能深地浸入溶液中，温度计水银玻璃泡要没入溶液中。
4. 使用稳压电源，使电热棒加热溶液至气液平衡，可以这样调节稳压电源：将电流锁定在 2A，通过调整电压来控制加热电流；为了节省实验时间，可先将电流调到 1.8～1.9A，沸腾后再调整电流到 1.5～1.6A（根据实际情况调整）保持微沸。

5．待溶液冷却至室温后，才能取样进行折射率的测定。

6．保证测定情况下，取样量要尽可能少，取样后立刻盖上塞子。

7．使用阿贝折射仪时，棱镜上不能接触硬物，擦拭棱镜时需用擦镜纸。

六、实验结果

将乙醇-乙酸乙酯双液系折射率-组成标准曲线制作中，有关溶液的折射率记录于表 3。

表 3　乙醇-乙酸乙酯双液系折射率-组成标准曲线制作

室温：　　　　　　　　　　　　　　阿贝折射仪编号：

项目	乙醇	组成（质量分数）				乙酸乙酯
		80%	60%	40%	20%	
折射率						
平均值						

注：1．测定温度为室温。
2．以溶液中乙醇的质量分数为横坐标，折射率为纵坐标作标准曲线，建议用 Origin 软件进行拟合。
3．从图上找出未知液的质量分数，或通过拟合方程算出未知液的质量分数。

将乙酸乙酯-乙醇双液系沸点和气-液相折射率测定数据记录于表 4。

表 4　乙酸乙酯-乙醇双液系沸点和气-液相折射率测定数据

室温：

组别	乙酸乙酯/mL	乙醇/mL	沸点/℃	气相冷凝液分析			液相分析		
				折射率	平均值	摩尔分数 x	折射率	平均值	摩尔分数 x
Ⅰ	20	2.5							
		4.0							
		5.0							
Ⅱ	3.0	20							
	5.0								
	6.0								

注：1．乙醇-乙酸乙酯质量分数必须转化为摩尔分数，因相图中横坐标以乙醇摩尔分数为变量。
2．纯乙醇、纯乙酸乙酯的沸点通过安托万方程求得，无须测量，以节省时间。
3．测完第Ⅰ组后，将废液回收，继续完成第Ⅱ组。
4．如需测定纯乙醇的沸点，沸点仪必须清洗、烘干。

将纯乙醇和纯乙酸乙酯沸点记录于表 5。

表 5　纯乙醇和纯乙酸乙酯沸点

物质	大气压力 1/Pa	大气压力 2/Pa	平均大气压/Pa	沸点 T（安托万方程计算）/℃
乙醇				
乙酸乙酯				

纯乙醇和纯乙酸乙酯的沸点采用安托万（Antoine）方程求得：

$$\ln(p)=A-\frac{B}{T+C} \tag{1}$$

式中　p——饱和蒸气压，在本实验中指的是大气压，Pa；

　　　T——饱和蒸气压 p 对应的沸点，℃；

A，B，C——常数，和物质的性质有关。

　　　乙醇：$A=24.0528$，$B=3956.07$，$C=-35.63$。

　　　乙酸乙酯：$A=21.2453$，$B=2866.60$，$C=-55.27$。

　　　数据处理要求：

　　1. 按表3的数据，作出乙醇乙酸乙酯双液系折射率-组成标准曲线，建议用 Origin 软件进行作图和拟合。

　　2. 根据表4数据，作出乙酸乙酯乙醇双液系的气-液平衡相图，建议用 Origin 软件进行作图；并标出其恒沸点温度和恒沸组成。

七、思考题

　　1. 绘制乙醇乙酸乙酯双液系折射率-组成标准曲线的目的是什么？

　　2. 如何判断气、液两相是否处于平衡？

　　3. 测定溶液的沸点和气、液两相组成时，是否要把沸点仪每次都烘干？

　　4. 试分析产生实验误差的主要原因。

实验四

溶液偏摩尔体积的测定

一、实验目的

1. 掌握用比重瓶测定溶液密度的方法。
2. 测定指定组成的乙醇-水溶液中各组分的偏摩尔体积。
3. 理解偏摩尔量的物理意义。

二、实验原理

在多组分体系中，某组分 i 的偏摩尔体积定义为：

$$V_{i,m} = \left(\frac{\partial V}{\partial n_i}\right)_{T,p,n_j} \quad (i \neq j) \tag{1}$$

若是二组分体系，则组分 1 和组分 2 的偏摩尔体积的定义式如式（2）和式（3）所示：

$$V_{1,m} = \left(\frac{\partial V}{\partial n_1}\right)_{T,p,n_2} \tag{2}$$

$$V_{2,m} = \left(\frac{\partial V}{\partial n_2}\right)_{T,p,n_1} \tag{3}$$

体系总体积 V 与两组分的偏摩尔体积的关系式如下：

$$V = \frac{m_1 V_{1,m}}{M_1} + \frac{m_2 V_{2,m}}{M_2} \tag{4}$$

式中　m_1，m_2——组分 1 和组分 2 的质量；

　　　M_1，M_2——组分 1 和组分 2 的摩尔质量。

将式（4）两边同时除以溶液质量 m，则有：

$$\frac{V}{m} = \frac{m_1}{M_1} \times \frac{V_{1,m}}{m} + \frac{m_2}{M_2} \times \frac{V_{2,m}}{m} \tag{5}$$

令：

$$\frac{V}{m} = \alpha \tag{6}$$

$$\frac{V_{1,m}}{M_1} = \alpha_1 \tag{7}$$

$$\frac{V_{2,m}}{M_2} = \alpha_2 \tag{8}$$

式中　α——溶液的比容；

　α_1，α_2——组分 1 和组分 2 的偏质量体积。

　　将式（6）、式（7）和式（8）代入式（5），则有：

$$\alpha = W_1 \alpha_1 + W_2 \alpha_2 = (1 - W_2)\alpha_1 + W_2 \alpha_2 \tag{9}$$

式中　W_1——组分 1 的质量分数，$W_1 = \dfrac{m_1}{m} \times 100\%$；

　　　W_2——组分 2 的质量分数，$W_2 = \dfrac{m_2}{m} \times 100\%$。

　　将式（9）对 W_2 微分，则有：

$$\frac{\partial \alpha}{\partial W_2} = -\alpha_1 + \alpha_2 \tag{10}$$

即

$$\alpha_2 = \alpha_1 + \frac{\partial \alpha}{\partial W_2} \tag{11}$$

　　将式（11）代回式（9），并整理可得：

$$\alpha_1 = \alpha - W_2 \frac{\partial \alpha}{\partial W_1} \tag{12}$$

$$\alpha_2 = \alpha + W_1 \frac{\partial \alpha}{\partial W_2} \tag{13}$$

　　所以，实验求出不同浓度溶液的比容 α，作 α-W_2 关系图，得曲线 CC'（图 8）。如欲求 M 浓度溶液中各组分的偏摩尔体积，可在 M 点作切线，此切线在两边的截距 AB 和 $A'B'$ 即为 α_1 和 α_2，再由式（7）和式（8）就可求出 $V_{1,m}$ 和 $V_{2,m}$。

三、实验材料

1. 仪器及器具

恒温水浴，电子天平，比重瓶（10mL），磨口锥形瓶。

2. 试剂和药品

无水乙醇（AR），蒸馏水。

四、实验步骤

1. 调节温度

调节恒温槽温度为（25.0±0.1）℃。

2. 配制溶液

以无水乙醇及蒸馏水为原液，在磨口锥形瓶

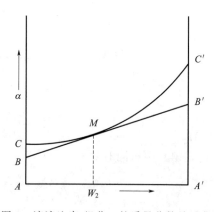

图 8　溶液比容-组分 2 的质量分数关系曲线

中用电子天平称重，配制乙醇质量分数分别为 0%、20%、40%、60%、80%、100%的乙醇水溶液。配好后盖紧塞子，以防挥发。

3. 比重瓶体积的标定

（1）为减少误差，每个样品用两比重瓶进行平行测定。

（2）将洗净烘干的比重瓶从干燥器中取出，用电子天平精确称量其质量 m_a。

（3）将蒸馏水装满比重瓶，盖上比重瓶带有毛细管的磨口塞，使瓶内的液体从毛细管口溢出（瓶内及毛细管中均不能有气泡存在）。将比重瓶置于恒温槽中恒温 10min。然后将比重瓶从恒温槽中取出（只可拿瓶颈处），迅速用滤纸刮去毛细管膨胀出来的液体并将比重瓶的瓶壁擦干，准确称量其质量 m_b。

4. 溶液比容的测定

同样，每个样品用两比重瓶进行平行测定。用配制好的乙醇-水溶液润洗比重瓶 3 次（注意同时润洗毛细管），然后按步骤 3（3）的方法测定"比重瓶+溶液"的质量 m_c。恒温过程应密切注意毛细管出口液面，如因挥发液滴消失，可滴加少许被测溶液以防挥发之误。

五、注意事项

1. 拿比重瓶时手不接触瓶颈外的其他部位，避免瓶中溶液体积发生变化。

2. 恒温过程中，比重瓶的毛细管始终充满液体。

3. 为减少挥发误差，动作要敏捷。每份溶液用两比重瓶进行平行测定或每份样品重复测定两次，结果取其平均值。

4. 可以在一种溶液恒温过程中进行其他溶液配制的工作，以节约实验时间。

六、实验结果

将乙醇溶液的配制及其浓度记录于表 6。

表 6 乙醇溶液的配制及其浓度

乙醇浓度理论值（质量分数）/%	干燥锥形瓶质量 /g	加水的质量 /g	加乙醇的质量 /g	乙醇溶液的真实浓度 W_2（质量分数）/%
20				
40				
60				
80				

将比重瓶体积的标定记录于表 7。

表 7 比重瓶体积的标定

温度：

样品编号	比重瓶质量 m_a/g	比重瓶+蒸馏水质量 m_b/g	比重瓶体积 V_a/mL
比重瓶 1			
比重瓶 2			

注：比重瓶体积为：

$$V_a = \frac{m_b - m_a}{\rho_{H_2O}} \tag{14}$$

将不同浓度乙醇溶液的比容记录于表8。

表8　不同浓度乙醇溶液的比容

项目		样品编号					
		1	2	3	4	5	6
乙醇溶液的真实浓度 W_2（质量分数）/%		0					100
比重瓶1	比重瓶体积/mL						
	比重瓶质量 m_a/g						
	比重瓶＋溶液质量 m_c/g						
	溶液质量/g						
	比容/(mL/g)						
比重瓶2	比重瓶体积/mL						
	比重瓶质量 m_a/g						
	比重瓶＋溶液质量 m_c/g						
	溶液质量/g						
	比容/(mL/g)						
比容平均值 α/(mL/g)							

数据处理要求：

1. 计算出所配制的乙醇水溶液的真实浓度（质量分数）W_2，并填写在表6中。

2. 根据式(14)，并结合表7的数据，计算出比重瓶的体积。

3. 根据表8的数据，计算出所配制的不同浓度乙醇水溶液的比容 α，并填写在表8中。

4. 以比容 α 为纵坐标，乙醇的质量分数 W_2 为横坐标作曲线。建议用 Origin 软件进行作图。

5. 求出当乙醇质量分数为30%时，乙醇和水的偏摩尔体积。建议用 Origin 软件处理数据。

七、思考题

1. 使用比重瓶应注意哪些问题？

2. 为什么纯物质的摩尔体积与其在混合体系中的偏摩尔体积不同？

3. 偏摩尔体积有可能小于零吗？

4. 影响本实验结果精度的主要因素是什么？

5. 如何使用比重瓶测量粒状固体的密度？

实验五

电解质溶液的电导

一、实验目的

1. 了解溶液电导、电导率、摩尔电导率等基本概念。

2. 学会电导率仪的使用方法。

3. 了解强电解质溶液的摩尔电导率与浓度的关系，测定氯化钾溶液的电导率，通过拟合法求算 KCl 溶液的无限稀释摩尔电导率 Λ_m^∞。

4. 了解浓度对弱电解质摩尔电导率的影响，测定乙酸溶液的电导率，计算乙酸溶液的解离平衡常数。

二、实验原理

1. 电导、电导率和摩尔电导率的概念

电解质溶液属于第二类导体，它是靠正负离子的迁移传递电流。溶液的导电本领，可用电导率来表示。

将电解质溶液放入两平行电极之间，两电极距离为 l，两电极面积均为 A，这时溶液的电阻 R 是：

$$R = \rho \frac{l}{A} = \frac{1}{k} \times \frac{l}{A}$$

所以

$$k = \frac{l}{A} \times \frac{1}{R} = K_{cell} G \tag{1}$$

式中　K_{cell}——对于给定的电导池为一常数（电导池常数）；

　　　G——溶液的电导；

　　　k——电导率。

用已知电导率 k 的电解质溶液放入电导池中,在测定电阻 R 之后,即可求得电导池常数 K_{cell}。已确定 K_{cell} 后,应用同一个电导池,便可通过电阻的测量求其他电解质溶液的电导率。

研究溶液电导时常用到摩尔电导率这个量,它与电导率和浓度的关系为:

$$\Lambda_m = \frac{k}{c} \tag{2}$$

式中　Λ_m——摩尔电导率,$S \cdot m^2/mol$;

　　　k——电导率,S/m;

　　　c——物质的量浓度,mol/m^3。

2. 强电解质的摩尔电导率与浓度的关系

对于强电解质溶液,随着浓度下降,Λ_m 升高,通常当浓度降至 $0.001mol/L$ 时,Λ_m 与 $\sqrt{c}$ 之间呈线性关系,例如图 9 中的 KCl 和 HCl 等。德国科学家 Kohlrausch 总结的经验式为:

$$\Lambda_m = \Lambda_m^{\infty} - A\sqrt{c} \tag{3}$$

式中　Λ_m^{∞}——无限稀释摩尔电导率,即浓度 c 趋于零时的摩尔电导率;

　　　A——常数,与电解质性质有关;

　　　c——物质的量浓度,将 Λ_m 对 $\sqrt{c}$ 作图,外推可求得 Λ_m^{∞}。

3. 弱电解质的摩尔电导率与浓度的关系

对弱电解质来说,随着浓度下降,Λ_m 也缓慢升高,但变化不大。当溶液很稀时,Λ_m 与 $\sqrt{c}$ 不呈线性关系,但当其浓度稀释到一定程度时,Λ_m 迅速升高,例如图 9 中的乙酸 (CH_3COOH)。

对弱电解质来说,可以认为它的解离度等于溶液在浓度为 c 时的摩尔电导率 Λ_m 和溶液在无限稀释时的摩尔电导率 Λ_m^{∞} 之比,即:

$$\alpha = \frac{\Lambda_m}{\Lambda_m^{\infty}} \tag{4}$$

AB 型弱电解质,在水溶液中可以建立如下解离平衡:

$$AB \rightleftharpoons A^+ + B^-$$

起始浓度　c　　　0　　　0

平衡浓度 $c(1-\alpha)$　　$c\alpha$　　$c\alpha$

因此其解离平衡常数 K_c 与浓度 c 和解离度 α 有以下关系:

$$K_c = \frac{c\alpha^2}{1-\alpha} \tag{5}$$

合并式(4)及式(5),即得:

$$K_c = \frac{c\Lambda_m^2}{\Lambda_m^{\infty}(\Lambda_m^{\infty} - \Lambda_m)} \tag{6}$$

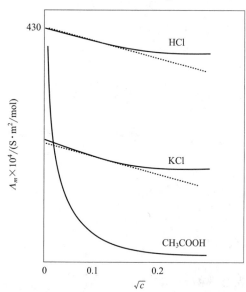

图 9　在 298K 时一些电解质在水溶液中的摩尔电导率与浓度的关系

因此，测出 AB 型弱电解质溶液的 Λ_m，通过手册查找或公式计算其 Λ_m^∞，即可计算出其相应浓度下的解离平衡常数 K_c。

三、实验材料

1. 仪器及器具

电导率仪，50mL 烧杯，20mL 移液管，洗耳球。

2. 试剂和药品

KCl 溶液（0.010mol/L），乙酸溶液（0.10mol/L），蒸馏水。

四、实验步骤

1. 电导率仪开机预热。
2. 调节电导率仪有关测量参数，具体按电导率仪的使用说明进行。
3. KCl 溶液电导率的测定。

（1）淌洗电极。用蒸馏水淌洗 50mL 烧杯及电极三次，再用 0.010mol/L KCl 溶液淌洗三次。

（2）用 20mL 移液管移取 40mL 0.010mol/L KCl 溶液放到 50mL 烧杯，插入电极，测定电导率，记录三次较接近的读数，测量期间，轻轻摇晃烧杯使溶液均匀。

（3）用 20mL KCl 溶液专用移液管从烧杯中吸取 20mL 溶液弃去，用 20mL 蒸馏水专用移液管加入 20mL 蒸馏水到烧杯中去，混合均匀后，此时溶液的物质的量浓度变成原来的 $\frac{1}{2}$，测定其电导率。

（4）再重复上述步骤（3）三次，即对于 KCl 溶液一共测量 c、$\frac{c}{2}$、$\frac{c}{4}$、$\frac{c}{8}$ 和 $\frac{c}{16}$ 一共 5 个浓度的电导率 [$c(\text{KCl})=0.010\text{mol/L}$]。

4. 乙酸溶液电导率的测定。方法和步骤与上述 KCl 溶液电导率的测定相同，也是对于乙酸（HAc）溶液一共测量 c、$\frac{c}{2}$、$\frac{c}{4}$、$\frac{c}{8}$ 和 $\frac{c}{16}$ 一共 5 个浓度的电导率，其中 $c(\text{HAc})=0.10\text{mol/L}$。

5. 测定蒸馏水的电导率。
6. 电导率测定完毕，用蒸馏水淌洗电极。整理和清洁相关仪器，整理实验桌面。

五、注意事项

1. 使用铂黑电极时要小心谨慎，严禁用纸擦到铂黑部分，也不能用剧烈水流冲洗。
2. 实验完毕，要将铂黑电极用蒸馏水淌洗干净，并将其置于干净的蒸馏水中浸泡。
3. 测试过程，轻轻摇晃烧杯使溶液均匀。

六、实验结果

将 KCl 溶液电导率、摩尔电导率的测定记录于表 9。

表 9　KCl 溶液电导率、摩尔电导率的测定

温度：

编号	浓度 c /(mol/m³)	$\sqrt{c}$	电导率 k/(10^{-4} S/m)				摩尔电导率 Λ_m /(S·m²/mol)
			1	2	3	平均值	
1							
2							
3							
4							
5							

将乙酸溶液电导率、摩尔电导率和解离平衡常数的测定记录于表 10。

表 10　乙酸溶液电导率、摩尔电导率和解离平衡常数的测定

温度：　　　　　　　　Λ_m^∞：

编号	浓度 c /(mol/m³)	电导率 k/(10^{-4} S/m)				校正电导率 /(10^{-4} S/m)	摩尔电导率 Λ_m /(S·m²/mol)	解离度 $\alpha = \dfrac{\Lambda_m}{\Lambda_m^\infty}$	解离平衡常数 $K_c = \dfrac{c\alpha^2}{1-\alpha}$ /(mol/L)
		1	2	3	平均值				
1									
2									
3									
4									
5									
							解离平衡常数平均值 /(mol/L)		

乙酸无限稀释摩尔电导率 Λ_m^∞ 与温度 t（℃）的关系：

$$\Lambda_m^\infty = 0.02444 + 5.873 \times 10^{-4} t \tag{7}$$

将蒸馏水的电导率 k_w 的测定记录于表 11。

表 11　蒸馏水的电导率 k_w 的测定

编号	1	2	3	平均值
水的电导率 k_w/(10^{-4} S/m)				

数据处理要求：

1. 计算 KCl 溶液各浓度的摩尔电导率 Λ_m。

2. 以 KCl 溶液的 Λ_m 对 $\sqrt{c}$ 作图，外推可求得 Λ_m^∞。

3. 计算乙酸溶液各浓度的摩尔电导率 Λ_m。

4. 计算乙酸的解离平衡常数。

七、思考题

1. 强、弱电解质溶液的摩尔电导率与浓度关系有何不同？

2. 测定乙酸溶液的电导率时，为什么要测纯水的电导率？

实验六

电动势的测定及应用

一、实验目的

1. 掌握对消法测量电动势的原理及电位差计的使用方法。

2. 测定下列电池的电动势：

(1) $Hg(l)|Hg_2Cl_2(s)|KCl(饱和)\|AgNO_3(0.01mol/L)|Ag(s)$。

(2) $Hg(l)|Hg_2Cl_2(s)|KCl(饱和)\|H^+(0.05mol/L\ HAc+0.05mol/L\ NaAc)$，$Q\cdot H_2Q|Pt(s)$。

3. 了解电动势法测定溶液 pH 的原理，并计算乙酸（HAc)-乙酸钠（NaAc）缓冲溶液的 pH。

二、实验原理

1. 原电池及其电动势

电池分为两类：原电池和电解池。其中，将化学能转化为电能的装置叫作原电池。原电池由正、负两个电极组成，电池在放电过程中，负极发生氧化反应，正极发生还原反应，电池反应就是电池所有反应的总和。

电池表示式的书写，习惯是左方为发生氧化反应的阳极（原电池的阳极就是负极），右方为发生还原反应的阴极（原电池的阴极是正极）。一般用实垂线"$|$"表示两相界面，用单虚垂线"$\vdots$"表示液接界面，用双垂线"$\|$"表示盐桥，同一相物质用逗号","隔开。

电池的电动势等于两个电极电势的差值。即：

$$E=E_+-E_- \tag{1}$$

式中　E_+——正极的电极电势；

　　　E_-——负极的电极电势。

以丹尼尔电池为例，其电池表示式为：

$$Zn \mid ZnSO_4(a_1) \parallel CuSO_4(a_2) \mid Cu$$

负极反应：

$$Zn(s) \longrightarrow Zn^{2+} + 2e^-$$

正极反应：

$$Cu^{2+} + 2e^- \longrightarrow Cu(s)$$

电池总反应：

$$Zn(s) + Cu^{2+} \longrightarrow Zn^{2+} + Cu(s)$$

根据能斯特方程，负极的电极电势为：

$$E_- = E(Zn^{2+} \mid Zn) = E^{\ominus}(Zn^{2+} \mid Zn) - \frac{RT}{2F} \ln \frac{a(Zn)}{a(Zn^{2+})} \tag{2}$$

正极的电极电势为：

$$E_+ = E(Cu^{2+} \mid Cu) = E^{\ominus}(Cu^{2+} \mid Cu) - \frac{RT}{2F} \ln \frac{a(Cu)}{a(Cu^{2+})} \tag{3}$$

所以电池的电动势为：

$$E = E_+ - E_- = E^{\ominus}(Cu^{2+} \mid Cu) - E^{\ominus}(Zn^{2+} \mid Zn) - \frac{RT}{2F} \ln \frac{a(Cu)a(Zn^{2+})}{a(Zn)a(Cu^{2+})} \tag{4}$$

$$E^{\ominus} = E^{\ominus}(Cu^{2+} \mid Cu) - E^{\ominus}(Zn^{2+} \mid Zn) \tag{5}$$

纯固体的活度为 1，$a(Zn) = a(Cu) = 1$，所以得：

$$E = E^{\ominus} - \frac{RT}{2F} \ln \frac{a(Zn^{2+})}{a(Cu^{2+})} \tag{6}$$

对于单个离子，活度因子是无法测定的，故常近似认为 $\gamma_+ = \gamma_\pm$，强电解质单个离子活度 a_+ 与物质的质量摩尔浓度以及平均活度因子之间有以下关系：

$$a_+ = \gamma_+ \frac{b_+}{b^{\ominus}} = \gamma_\pm \frac{b_+}{b^{\ominus}} \tag{7}$$

式中　b_+——正离子的质量摩尔浓度；

　　　$\gamma_\pm$——离子平均活度因子，其数值大小和物质浓度、离子的种类、实验温度等因素有关。

2. 对消法测量电池电动势

电池的电动势不能直接用伏特计来测量，因为电池与伏特计接通后，必须有适量的电流通过才能使伏特计显示数值，而电流的通过一方面会使电池中发生化学反应，导致溶液浓度发生改变，另一方面会使电极极化，因而电动势就不能保持稳定。并且电池本身也有内阻，伏特计所测得的数据只是两极间的电势差，而不是电池的电动势。测量可逆电池的电动势必须在几乎没有电流通过的情况下进行。利用对消法（补偿法）可使电池在无电流通过（或电流极小）时，测得两电极的电势差，即为电池的电动势。

对消法（补偿法）测电池电动势的原理是用一个方向相反但数值相同的外加电压，对抗待测电池的电动势，使电路中没有电流通过。具体线路如图 10 所示。工作电池 U 经一均匀的滑线电阻 AB 构成一个通路，在均匀电阻 AB 上产生均匀电势降。电路中有一双掷开关，当双掷开关向下时，待测电池 E_x 的正极通过开关与检流计以及工作电池的正极相连，负极与滑线电阻的滑动端相连。这样，就在待测电池的外电路中加上一个方向相反的电势差，它的大小由滑动接触点的位置决定。改变滑动接触点的位置，找到 C' 点，若检流计中无电流通过，则待测电池的电动势恰被 AC' 段的电势差完全抵消。

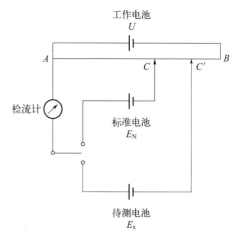

图 10　对消法测电池电动势的原理

为了求得 AC' 段的电势差，可换用标准电池 E_N 与开关相连（即双掷开关向上）。标准电池 E_N 的电动势是已知的，并且保持恒定。用同样的方法可以找出检流计中无电流通过时的 C 点，AC 段的电势差就等于 E_N。因电势差的大小与电阻线的长度成正比，故待测电池的电动势为：

$$E_x = E_N \frac{\overline{AC'}}{\overline{AC}} \tag{8}$$

当原电池存在两种电解质界面时，便产生一种称为液体接界电势的电动势，它干扰电池电动势的测定。减小液体接界电势的办法常用盐桥。盐桥是在 U 形玻璃管中趁热灌满盐桥的凝胶溶液，冷却后把管插入两个互相不接触的溶液中，使其导通。

一般盐桥溶液用正、负离子迁移数都接近 0.5 的饱和盐溶液，如饱和氯化钾溶液等。这样当饱和盐溶液与另一种稀溶液相接界时，主要是盐桥溶液向稀溶液扩散，从而减小了液接电势。

应注意盐桥溶液不能与两端电池溶液发生反应。如果实验中使用硝酸银溶液，则盐桥溶液就不能用氯化钾溶液，而选择硝酸钾溶液较为合适，因为硝酸钾中正、负离子的迁移速率比较接近。

三、实验材料

1. 仪器及器具

电位差计全套，饱和甘汞电极（SCE，232 型），银电极（216 型），铂电极（213 型），饱和 KNO_3 盐桥，50mL 烧杯，10mL 移液管，洗耳球。

2. 试剂和药品

$AgNO_3$ 溶液（0.01mol/L），HAc 溶液（0.1mol/L），NaAc 溶液（0.1mol/L），KCl 饱和溶液，醌氢醌（AR），蒸馏水。

四、实验步骤

1. 按室温计算各电池电动势的理论值。
2. 阅读电位差计的说明书，了解和熟悉电位差计的使用方法。
3. 组装电池（1）。

在 50mL 烧杯中装入饱和 KCl 溶液约 1/2 杯，将饱和甘汞电极（即 SCE 电极）插入其中，组成半电池（a）；另取一 50mL 烧杯，洗净后用数毫升 0.01mol/L AgNO₃ 溶液连同银电极一起淌洗，然后装入 0.01mol/L 的 AgNO₃ 溶液约 1/2 杯，插入银电极，组成半电池（b）；用 KNO₃ 盐桥连接两个小烧杯构成电池，即本实验电池（1）。盐桥两端做好标记，让一端始终接在 SCE 电极溶液。

4. 将上述电池（1）接入电位差计进行测量。电池的电极与电位差计连接时，要注意电极的极性，即 SCE 电极与"一"相连，银电极与"十"相连。将电位差计上的伏特读数调整到电池电动势的计算值附近后，再进行精密测量。

5. 组装电池（2）。

分别量取 10mL 0.1mol/L HAc 溶液和 10mL 0.1mol/L NaAc 溶液放入 50mL 烧杯中，再加入少量醌氢醌粉末，摇动使之溶解，但仍然保持溶液中含少量固体，然后插入铂电极，即组成半电池（c）；用 KNO₃ 盐桥连接半电池（a）和半电池（c），即组成本实验电池（2）。

6. 按与 4 相同的方法测量电池（2）的电动势。接入电位差计时，SCE 电极与"一"相连，铂电极与"十"相连。

7. 实验结束，关闭电位差计开关，拔下电源线。回收废液，清洗玻璃仪器。电极清洗后，SCE 电极用饱和 KCl 溶液浸泡，银电极和铂电极用去离子水浸泡。

五、注意事项

1. 电池与电位差计连接时，应注意电极的极性，电池的正极与测量连接导线的正极相连，负极与测量连接导线的负极相连。

2. U 形盐桥的两端做好标记，让一端始终放在饱和 KCl 溶液中。

3. 制作半电池（c）时，注意醌氢醌加入量不能太少也不宜过多，应使其处于饱和状态，一般以溶液呈淡黄色、液面上有少量醌氢醌粉末为宜。

4. 盐桥 U 形管中不能有气泡存在。

六、实验结果

将电池（1）和电池（2）的电动势记录于表 12。

表 12　电池（1）和电池（2）的电动势

项目		电池（1）	电池（2）
电动势/V	1		
	2		
	3		
	平均		
理论电动势/V			
误差/V			
相对误差/%			

数据处理要求：

1. 列出公式计算室温下各电池的理论电动势。

2. 计算各电池的电动势的测量值与理论值间的误差和相对误差。

3. 通过电池（2）实测电动势计算溶液的 pH，与采用乙酸-乙酸钠缓冲溶液计算的结果相比较。

七、思考题

1. 对消法（补偿法）测电动势的基本原理是什么？

2. 为什么普通伏特计不能准确测量电池电动势？

3. 在电池表达式中，左右两个电极哪个为正极，哪个为负极？哪个是阳极？哪个是阴极？

4. 盐桥有什么作用？应选择什么样的电解质作盐桥？

5. 测量电池电动势时，如果电池的极性接反了，会有什么后果？

附注：

1. 饱和甘汞电极

当其作为还原电极时，电极反应是：

$$\frac{1}{2}Hg_2Cl_2(s) + e^- \longrightarrow Hg(l) + Cl^- (饱和 KCl)$$

$$E_{甘汞} = E_{甘汞}^{\ominus} - \frac{RT}{F}\ln a(Cl^-) \tag{9}$$

对饱和甘汞电极来说，其氯离子浓度在一定温度下是个定值，故其电极电势只与温度有关，其关系为：

$$E_{甘汞} = 0.2415 - 0.00065(t-25) \tag{10}$$

式中　$E_{甘汞}$——饱和甘汞电极的电极电势，V；

　　　t——温度，℃。

2. 银电极

作为还原电极时，电极反应是：

$$Ag^+ + e^- \longrightarrow Ag(s)$$

$$E(Ag^+/Ag) = E^{\ominus}(Ag^+/Ag) - \frac{RT}{F}\ln\frac{1}{a(Ag^+)} \tag{11}$$

$$E^{\ominus}(Ag^+/Ag) = 0.799 - 0.00097(t-25) \tag{12}$$

式中　$E^{\ominus}(Ag^+/Ag)$——银电极的标准电极电势，V；

　　　t——温度，℃。

对于 0.01mol/L AgNO₃ 稀溶液，其 Ag^+ 的活度系数 $\gamma(Ag^+) \approx \gamma(AgNO_3) = 0.90$。

3. 醌氢醌电极

醌氢醌（Q·H₂Q）是由等分子的醌（Q）和氢醌（H₂Q）构成的分子化合物，它在水中溶解度很小，且易达到如下解离平衡：

$$C_6H_4O_2·C_6H_4(OH)_2 \rightleftharpoons C_6H_4O_2 + C_6H_4(OH)_2$$
$$Q·H_2Q \qquad\qquad Q \qquad\qquad H_2Q$$

在含 H^+ 的溶液中加入少许 Q·H₂Q，插入惰性 Pt 电极即构成醌氢醌电极，其电极反应为：

$$C_6H_4O_2 + 2H^+ + 2e^- \longrightarrow C_6H_4(OH)_2$$

$$E(Q/H_2Q) = E^{\ominus}(Q/H_2Q) - \frac{RT}{2F} \ln \frac{a(H_2Q)}{a(Q)a^2(H^+)} \qquad (13)$$

由于醌氢醌的溶解度很小，其解离产物 Q 和 H_2Q 的活度因子均可视为 1，又由于两者浓度相等，故 $a(H_2Q)/a(Q)=1$。所以有：

$$E(Q/H_2Q) = E^{\ominus}(Q/H_2Q) - \frac{2.303RT}{F} \text{pH} \qquad (14)$$

$$E^{\ominus}(Q/H_2Q) = 0.6994 - 0.00074(t-25) \qquad (15)$$

式中 $E^{\ominus}(Q/H_2Q)$ ——醌氢酯电极的标准电极电势，V；

t——温度，℃。

若测得电池的电动势为 E，则溶液的 pH 可按下式计算：

$$\text{pH} = \left[\frac{E^{\ominus}(Q/H_2Q) - E_{甘汞} - E}{2.303RT} \right] F \qquad (16)$$

4. 乙酸-乙酸钠缓冲溶液的 pH

乙酸（HAc）-乙酸钠（NaAc）缓冲溶液的 pH，可通过 HAc 解离平衡常数计算。设 HAc 和 NaAc 的浓度均为 $c\,\text{mol/L}$，HAc 的解离度为 α。

$$\text{HAc} \rightleftharpoons H^+ + Ac^-$$

起始浓度 c 0 c

平衡浓度 $c(1-\alpha)$ $c\alpha$ $c+c\alpha$

HAc 的解离平衡常数 K_a 为 1.75×10^{-5}，即有：

$$K_a = \frac{\alpha(c+c\alpha)}{1-\alpha} = 1.75 \times 10^{-5} \qquad (17)$$

c 是已知的，通过对上述一元二次方程求解，即可求出缓冲溶液中 HAc 的解离度 α，见式(18)，那么 H^+ 的活度 $c\alpha$（可认为活度系数近似为 1）就可以计算出来，缓冲溶液的 pH 就可按式(19)求出。

$$\alpha \approx \sqrt{\frac{1.75 \times 10^{-5}}{c} + 0.25} - 0.5 \qquad (18)$$

$$\text{pH} = -\lg a(H^+) \qquad (19)$$

计算出 HAc-NaAc 溶液的 pH，结合本实验附注中的式(14)，本实验电池（2）的电动势的理论值即可求出来。

实验七

液体黏度的测定

一、实验目的

1. 了解黏度的物理意义，掌握用奥氏黏度计测定液体黏度的方法。
2. 用奥氏黏度计测定乙醇的黏度。

二、实验原理

黏度是指液体对流动所表现出来的阻力，这种力反抗液体中邻接部分的相对移动，因此可看作是一种内摩擦力。

若在两平行板间盛以某种液体，一块板是静止的，另一块板以速度 v 向 x 方向做匀速运动。如果将液体沿 y 方向分成许多薄层，则各液层沿 x 方向的流速随 y 值的不同而变化，如图 11 所示，流体的这种形变称为切变。流体流动时有速度梯度存在，运动较慢的液层阻滞较快的液层运动。因此产生流动阻力。为了维持稳定的流动，保持速度梯度不变，则要对上面的平板施加恒定的力（切力）。若板的面积为 A，则切力为：

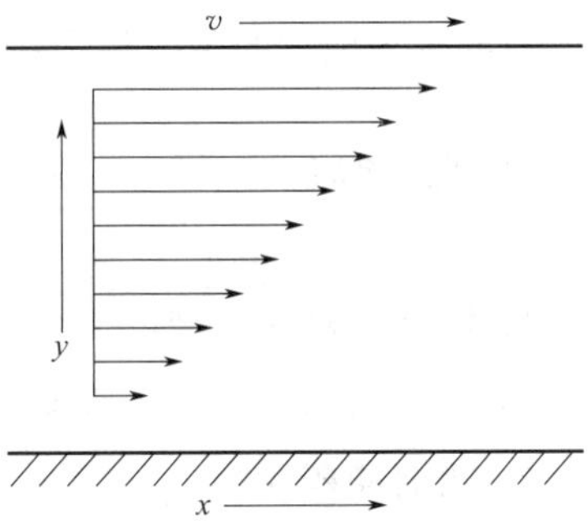

$$f = \eta A \frac{\mathrm{d}v}{\mathrm{d}y} \tag{1}$$

图 11 两平板间的黏性流动

式中 f ——切力；

A ——板面积；

$\mathrm{d}v/\mathrm{d}y$ ——切速率；

η ——切力与切速率之间的比例系数，即该液体的黏度，在国际单位制中，黏度的单位为 Pa·s。

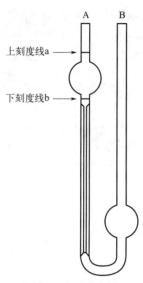

图 12   奥氏黏度计

本实验利用毛细管法测定液体的黏度，其装置见图 12。其原理为，液体在毛细管内因重力而流出时遵从泊肃叶（Poiseuille）公式，即：

$$\eta = \frac{\pi p r^4 t}{8Vl} \tag{2}$$

式中 V——在时间 t 内流过毛细管的液体体积；

p——毛细管两端的压力差；

r——毛细管半径；

l——毛细管长度。

按式(2)由实验来测定液体的绝对黏度是件困难的工作，但测定液体对标准液体（如水）的相对黏度则是简单实用的。在已知标准液体的绝对黏度时，即可算出被测液体的绝对黏度。

设两种液体在重力本身作用下分别流经同一毛细管，且流出的体积相等，则有：

$$\eta_1 = \frac{\pi r^4 p_1 t_1}{8Vl}, \eta_2 = \frac{\pi r^4 p_2 t_2}{8Vl}$$

从而：

$$\frac{\eta_1}{\eta_2} = \frac{p_1 t_1}{p_2 t_2} \tag{3}$$

式中 p——毛细管两端的压力差，$p = \rho g h$；

h——推动液体流动的液位差；

ρ——液体密度；

g——重力加速度。

如果每次取用试样的体积一定，则可保持 h 在实验中的情况相同。因此有：

$$\frac{\eta_1}{\eta_2} = \frac{\rho_1 t_1}{\rho_2 t_2} \tag{4}$$

已知标准液体的黏度和它们的密度，则被测液体的黏度可按上述式(4)算得。

三、实验材料

1. 仪器及器具

奥氏黏度计，1000mL 量筒，10mL 移液管，秒表，温度计，乳胶管，铁架台，烧瓶夹。

2. 试剂和药品

无水乙醇（AR），蒸馏水。

四、实验步骤

1. 往 1000mL 量筒中加入自来水，自来水几乎加满，作为恒温槽使用。

2. 因为黏度计的上刻度线要处在恒温槽水面以下，如果奥氏黏度计毛细管一侧的上刻度线到管口的长度不够长，不方便操作，可以在该侧的管口套上一段乳胶管，方便进行吸液操作；用移液管移取 10mL 无水乙醇加入黏度计中，从黏度计的宽口加入；然后将黏度计垂直浸入恒温槽，黏度计用烧瓶夹和铁架台固定，并在恒温槽中恒温 15min。

3. 用洗耳球通过乳胶管将无水乙醇吸至黏度计的"上刻度线"以上，放开洗耳球使其自然下流。用秒表记录无水乙醇流经"上刻度线"到"下刻度线"的时间，如此重复操作 3 次，取其时间平均值，作为乙醇的过流时间 t_1。

4. 取出黏度计，将乙醇回收，再将黏度计放入烘箱中烘干。用蒸馏水代替乙醇重复操作步骤 2、3，测出蒸馏水的过流时间 t_2。

5. 拆卸实验装置，清洁相关仪器，整理实验桌面。

五、注意事项

1. 实验过程中要用同一支黏度计。
2. 实验步骤 3 中"重复操作 3 次"时，所记录的时间误差应不超过 0.3s。
3. 黏度计放置水中时，其"上刻度线"要处在恒温槽水面以下。
4. 测量时黏度计必须垂直放置。
5. 测完乙醇，黏度计放入烘箱中烘干，要等其冷却后，再装蒸馏水，以免导致两种液体测量时的温度有明显差别。

六、实验结果

将乙醇黏度的测定记录于表 13。

表 13　乙醇黏度的测定

温度：

项目	水		乙醇	
过流时间/s	1		1	
	2		2	
	3		3	
	平均		平均	
密度/(g/mL)				
黏度/(mPa·s)				

注：水的密度、黏度和乙醇的密度与温度有关，可通过本实验附注相关拟合方程求出。

数据处理要求：求出无水乙醇的黏度。

七、思考题

1. 为什么测定黏度时要保持温度恒定？
2. 本实验中可以用不同的奥氏黏度计分别进行乙醇和水的测定吗？
3. 本实验中，所用乙醇和水的体积必须相同吗？为什么？

附注：

1. 水的密度 $\rho_水$ 与温度 t 的关系式为：

$$\rho_水 = 0.99988 + 6.414 \times 10^{-5}t - 8.641 \times 10^{-6}t^2 + 7.521 \times 10^{-8}t^3 - 4.707 \times 10^{-10}t^4 \quad (5)$$

其中水的密度 $\rho_{水}$ 的单位为 g/mL，温度 t 的单位为℃。

2. 水的黏度 η 与温度 t 的关系服从 Antoine 方程：

$$\lg(\eta) = -3.245 + \frac{431.0}{t + 112.6} \tag{6}$$

其中水的黏度 η 的单位为 mPa·s，温度 t 的单位为℃。

3. 乙醇的密度 $\rho_{乙醇}$ 与温度 t 的关系式为：

$$\rho_{乙醇} = 0.8063 - 8.457 \times 10^{-4} t \tag{7}$$

其中乙醇的密度 $\rho_{乙醇}$ 的单位为 g/mL，温度 t 的单位为℃。

实验八
表面张力的测定

一、实验目的

1. 了解表面张力的性质、表面能的意义以及表面张力和吸附的关系。
2. 掌握用最大气泡法测定液体表面张力的原理和技术。
3. 利用测定正丁醇溶液表面张力的方法求正丁醇分子的横截面积。

二、实验原理

1. 表面张力

液体表面分子和内部分子所受作用力不同，表面分子受到向内的拉力，所以液体的表面都有自动缩小的趋势。如果使表面积增加，就需要对抗拉力向体系做功。在恒温恒压条件下，可逆地使表面积增加 dA 所需对体系做的功，称为表面功，可表示为：

$$dG = -\delta W' = \gamma dA \tag{1}$$

式中，γ 为比表面吉布斯自由能，简称比表面能，表示恒温恒压和组成不变条件下，增加单位表面积时需对系统做的可逆非体积功，也可以是增加单位表面积时系统吉布斯自由能的改变值，其单位是 J/m^2。此外 γ 也常被称为表面张力，表示作用在表面单位长度上的作用力，其单位是 N/m，方向垂直于边界线，与表面相切。比表面能和表面张力本质上是同一个物理量，量纲也一致，只不过在物理意义的解释上不同而已。

表面张力是液体的重要性质之一，与温度、压力、浓度及共存的另一相的组成有关。

2. 溶液的表面吸附

在一定温度下纯液体的表面张力为定值，当加入溶质形成溶液时，表面张力发生变化，其变化的大小取决于溶质的性质和加入量的多少。根据能量最低原理，当溶质能降低溶剂的表面张力时，溶液内部将有一部分溶质进入表面层，使表面层中溶质的浓度比溶液内部的浓度大；反之，当溶质能增大溶剂的表面张力时，则表面层中的溶质将有一部分进入溶液内部，使它在表面层中的浓度比在溶液内部的浓度小。这种表面浓度与溶液本体浓度不同的现象称为溶液的表面吸附现象。在指定的温度和压力下，溶质的吸附量与溶液的表面张力及溶液的浓度之间的定量关系遵守吉布斯吸附等温方程式：

$$\Gamma = -\frac{c}{RT}\left(\frac{\partial \gamma}{\partial c}\right)_T \tag{2}$$

式中　Γ——吸附量，mol/m^2；

　　　γ——表面张力，N/m；

　　　c——溶液浓度，mol/m^3；

　　　T——热力学温度，K；

　　　R——摩尔气体常数，$J/(mol \cdot K)$。

当 $\left(\frac{\partial \gamma}{\partial c}\right)_T < 0$ 时，$\Gamma > 0$，为正吸附；当 $\left(\frac{\partial \gamma}{\partial c}\right)_T > 0$ 时，$\Gamma < 0$，为负吸附。前者表明加入溶质使液体表面张力下降，此类物质称为表面活性物质。后者表明加入溶质使液体表面张力升高，此类物质称为非表面活性物质。

从吉布斯吸附等温方程式(2)可看出，只要测出不同浓度溶液的表面张力，以 γ 对 c 作图，在图的曲线上作不同浓度的切线，把切线的斜率代入式(2)，即可求出不同浓度时气-液界面上的吸附量 Γ。

3. 饱和吸附与溶质分子的横截面积

在指定温度下，吸附量与溶液浓度之间的关系由朗格缪尔（Langmuir）公式表示：

$$\Gamma = \Gamma_m \frac{Kc}{1+Kc} \tag{3}$$

式中　Γ_m——饱和吸附量；

　　　K——经验常数，与溶质的表面活性大小有关。

将式(3)化为直线方程，则有：

$$\frac{c}{\Gamma} = \frac{1}{\Gamma_m K} + \frac{1}{\Gamma_m}c \tag{4}$$

以 c/Γ 对 c 作图，可得一条直线，该直线斜率为 $1/\Gamma_m$，可求出 Γ_m。

在饱和吸附的情况下，在气-液界面上铺满竖直排列的一层单分子，$1m^2$ 表面上溶质的分子数为 $\Gamma_m L$（L 为阿伏伽德罗常数），则可应用下式求得被测物质的横截面积 S_0。

$$S_0 = \frac{1}{\Gamma_m L} \tag{5}$$

4. 最大气泡法测定液体表面张力

本实验用最大气泡法测定液体的表面张力，实验装置如图13所示。将待测表面张力的液体装入支管试管中，使毛细管的端面与液面相切，液面即沿着毛细管上升。打开滴液漏斗的活塞缓慢放水抽气，此时支管试管中的压力 p_{sys} 逐渐减小，毛细管中的大气压力 p_0 就会将管中液面压至管口，并形成气泡。在气泡形成过程中，由于表面张力的作用，凹液面产生了一个指向液面外的附加压力 Δp，因此有下列关系式：

$$\Delta p = p_0 - p_{sys} \tag{6}$$

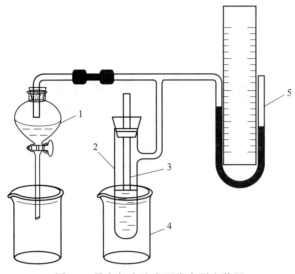

图 13　最大气泡法表面张力测定装置

1—抽气瓶；2—支管试管；3—毛细管；4—恒温槽；5—压差计

附加压力 Δp 和溶液的表面张力 γ 成正比，与气泡的曲率半径 R 成反比，其关系式为：

$$\Delta p = \frac{2\gamma}{R} \tag{7}$$

若毛细管管径较小，则形成的气泡可视为是球形的。气泡刚形成时，由于表面几乎是平的，所以曲率半径 R 极大；当气泡形成半球时，曲率半径 R 等于毛细管半径 r，此时 R 值为最小；随着气泡进一步增大，R 又趋增大，如图 14 所示。根据式(7) 可知，当 $R = r$ 时，附加压力最大为：

$$\Delta p_{\max} = \frac{2\gamma}{r} \tag{8}$$

这一最大压力差 $\Delta p_{\max}$ 可用 U 形压力计中最大的液柱差 $\Delta h_{\max}$ 表示：

$$\Delta p_{\max} = \rho g \Delta h_{\max} = \frac{2\gamma}{r} \tag{9}$$

式中　ρ——U 形压力计中液体的密度；

　　　g——重力加速度。

因此：

$$\gamma = \frac{1}{2} r \rho g \Delta h_{\max} = K \Delta h_{\max} \tag{10}$$

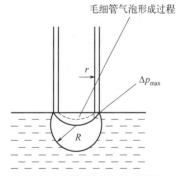

图 14　气泡形成过程示意图

式中　K——仪器常数（亦称毛细管常数）。

因此，以已知表面张力的液体为标准，从式(10) 即可求出 K，再测得其他液体的 $\Delta h_{\max}$，便可计算其表面张力 γ。

三、实验材料

1. 仪器及器具

滴液漏斗，支管试管，毛细管，恒温槽，U形压力计，塞子，胶管，铁架台，烧瓶夹，铁圈，250mL 容量瓶 1 个，50mL 容量瓶 7 个，50mL 碱式滴定管 1 支，500mL 烧杯，50mL 烧杯，洗耳球，移液管，滴管。

2. 试剂和药品

正丁醇（AR），蒸馏水。

四、实验步骤

1. 溶液配制

（1）配制 250mL 的 0.5mol/L 的正丁醇水溶液备用。先按正丁醇的摩尔质量和室温下的密度计算需用正丁醇的体积。在 250mL 容量瓶中装好约 2/3 的蒸馏水，用适宜的移液管吸取所需正丁醇的体积加入，用蒸馏水定容，摇匀。

（2）将上述 0.5mol/L 的正丁醇水溶液装入 50mL 碱式滴定管，用这一浓溶液配制下列 7 个浓度的稀溶液各 50mL：0.010mol/L、0.020mol/L、0.050mol/L、0.100mol/L、0.150mol/L、0.200mol/L、0.250mol/L。

2. 用水作标准物，测定仪器常数 K 值

（1）往支管试管中装入适量的蒸馏水，插入干净的毛细管。

（2）按图 13 安装最大气泡法表面张力测定装置。往抽气瓶（滴液漏斗）中加自来水。调整毛细管的位置，使毛细管端刚好与液面相切，并且支管试管与桌面垂直。

（3）打开抽气瓶（滴液漏斗）的放水旋塞，使气泡从毛细管端口逸出；调节气泡逸出速度为每分钟 8～12 个气泡，记录 U 形压力计两边最高和最低读数各 3 次，求出平均值。

3. 测定正丁醇溶液的表面张力

按步骤 2 的方法分别测量不同浓度的正丁醇溶液的表面张力，从稀溶液依次进行，每次测量前必须用少量的被测液洗涤支管试管和毛细管。

4. 拆卸实验装置

实验结束，拆卸实验装置，用自来水和蒸馏水清洗玻璃仪器，整理清洁实验桌面。

五、注意事项

1. 在整个实验过程中所用毛细管必须干净，并保持垂直，其管口应平整且刚好与液面相切。

2. 测定待测液时，浓度要按由稀到浓的顺序进行测定。每改变一次测量溶液，要用待测溶液反复润洗支管试管和毛细管，确保所测量溶液的浓度与实际溶液的浓度保持一致。

3. 打开滴液漏斗，使气泡形成的速度保持稳定，通常以每分钟 8～12 个气泡为宜。

4. 碱式滴定管装溶液时，要注意先用溶液润洗 2～3 次，并注意排出下端管口附近的气泡。

六、实验结果

将最大气泡法测定正丁醇溶液表面张力的有关数据记录于表 14。

表 14　最大气泡法测定正丁醇溶液表面张力

温度：　　　　　大气压力：　　　　　纯水表面张力：

正丁醇浓度 /(mol/L)	所需 0.5mol/L 的正丁醇 水溶液体 积/mL	U 形压力计读数					高度差 Δh_{max}	表面张力 /(N/m)
		最高读数	平均值	最低读数		平均值		
0								
0.010								
0.020								
0.050								
0.100								
0.150								
0.200								
0.250								

注：纯水的表面张力和温度有关，可根据式（11）（即 Harkins 经验公式）求出：

$$\gamma_0 = (75.65928 - 0.13944 \times t - 3.21845 \times 10^{-4} \times t^2) \times 10^{-3} \qquad (11)$$

式中，γ_0 的单位为 N/m；t 的单位为℃，该式适用的温度范围为 10~45℃。

数据处理要求：

1. 计算仪器常数 K。

2. 计算不同溶液浓度的正丁醇溶液的表面张力 γ，并填入数据记录表格中（可参考表 14 进行设计），以浓度 c 为横坐标，表面张力 γ 为纵坐标，作 γ-c 曲线图（横坐标浓度从零开始）。建议用 Origin 软件作图。

3. 在 γ-c 曲线图上，取 10 个点，分别作出切线，并求得对应的斜率，然后根据式（2）求算各相应浓度的吸附量 Γ，作出 $\frac{c}{\Gamma}$-c 图，通过线性拟合，由直线斜率求取饱和吸附量 Γ_m。建议用 Origin 软件作图和处理数据。

4. 计算正丁醇分子的横截面积。

七、思考题

1. 毛细管尖端为何必须调节得恰与液面相切？否则对实验有何影响？

2. 最大气泡法测定表面张力时为什么要读最大压力差？如果气泡逸出得很快，或几个气泡一齐出，对实验结果有无影响？

3. 本实验中全部实验为什么必须使用同一支毛细管？如果其中的一组数据是用另一支毛细管测定的，应如何对数据进行修正？

实验九

蔗糖水解反应速率常数的测定

一、实验目的

1. 用旋光法测定蔗糖在酸催化下的水解速率常数。
2. 掌握旋光仪的使用方法。
3. 理解通过测定某特征物理量来跟踪化学反应进程的方法。

二、实验原理

1. 蔗糖的水解反应及其旋光性

蔗糖水溶液在有氢离子存在时将发生水解反应：

$$C_{12}H_{22}O_{11} + H_2O \xrightarrow{[H^+]} C_6H_{12}O_6 + C_6H_{12}O_6$$

蔗糖   葡萄糖   果糖

上述反应是一个二级反应，但由于反应时水是大量存在的，尽管有部分水分子参加了反应，但仍可近似地认为反应过程中水的浓度不变。H^+作为催化剂，在反应中浓度也保持恒定，因此蔗糖水解反应为假一级反应，其速率方程式可写成：

$$\ln \frac{c_0}{c_0 - c_x} = kt \tag{1}$$

式中 c_0——蔗糖初始浓度；

       c_x——t 时刻反应消耗掉的蔗糖浓度。

蔗糖及其转化产物葡萄糖和果糖都具有旋光性，但旋光能力不同，伴随着反应的进程，旋光度不断发生变化，而且旋光度和浓度之间具有定量关系，所以可以利用体系在反应过程中旋光度的变化来度量反应过程中蔗糖浓度的变化。测量旋光度所用的仪器称为旋光仪。

在温度、波长、溶液浓度和厚度等一定的条件下，旋光度 α 与溶液的浓度 c 呈线性关系，即：

$$\alpha = Kc \tag{2}$$

式中　K——比例常数，与一个物质的旋光能力、溶剂性质、溶液浓度、样品管长度、溶液温度等因素有关。

物质旋光能力的大小，一般用比旋光度来度量。比旋光度可用式（3）表示：

$$[\alpha]_{\mathrm{D}}^{20} = \frac{100\alpha}{lc} \tag{3}$$

式中　$[\alpha]_{\mathrm{D}}^{20}$——在 20℃用钠黄光作光源测得的比旋光度，正值表示右旋，负值表示左旋；

α——测得的旋光度；

l——样品管长度，dm；

c——被测物的浓度，g/100mL。

蔗糖、葡萄糖和果糖都是旋光性物质，它们的比旋光度为：

$$[\alpha_{\text{蔗}}]_{\mathrm{D}}^{20} = 66.65°, \quad [\alpha_{\text{葡}}]_{\mathrm{D}}^{20} = 52.5°, \quad [\alpha_{\text{果}}]_{\mathrm{D}}^{20} = -91.9°$$

蔗糖、葡萄糖是右旋物质，果糖为左旋物质。多种旋光物质共存的混合液的总旋光度等于各旋光物质旋光度的代数和。水解反应开始时，溶液中只有蔗糖，右旋程度最大，随着反应的进行，蔗糖的浓度逐渐减少，葡萄糖及果糖的浓度逐渐增加，并且果糖的左旋性远大于葡萄糖的右旋性，溶液将逐渐从右旋变为左旋。

2. 通过测定特征物理量来表征化学反应进程

当某物理量与反应物和产物浓度成正比，对一级反应来说则可导出完全用物理量代替浓度的速率方程。为简单起见，设反应方程式为 $A + B \longrightarrow X + Y$，设反应物 A 和 B 的初始浓度分别为 $c_{A,0}$ 和 $c_{B,0}$，并且反应开始时无 X、Y 物质。设反应物和生成物对某物理量 λ（这里是旋光度）的贡献分别是 λ_A、λ_B、λ_X、λ_Y，它们与浓度的关系分别是：

$$\lambda_A = l\,[A], \quad \lambda_B = m\,[B], \quad \lambda_X = n\,[X], \quad \lambda_Y = p\,[Y]$$

式中，l、m、n、p 为比例常数。

因 $\lambda = \lambda_A + \lambda_B + \lambda_X + \lambda_Y$，而在反应进程中：

$$\lambda_A = l(c_{A,0} - c_x), \quad \lambda_B = m(c_{B,0} - c_x) = m\,[(c_{B,0} - c_{A,0}) + (c_{A,0} - c_x)], \quad \lambda_X = nc_x, \quad \lambda_Y = pc_x$$

故

$$\lambda = (l + m)(c_{A,0} - c_x) + m(c_{B,0} - c_{A,0}) + (n + p)c_x \tag{4}$$

在式（4）右端加、减 $c_{A,0}(n + p)$，然后合并得：

$$\lambda = (l + m - n - p)(c_{A,0} - c_x) + m(c_{B,0} - c_{A,0}) + c_{A,0}(n + p) \tag{5}$$

反应开始时，$c_{A,0} - c_x = c_{A,0}$；反应完毕时，$c_{A,0} - c_x = 0$，故：

$$\lambda_0 = (l + m - n - p)c_{A,0} + m(c_{B,0} - c_{A,0}) + c_{A,0}(n + p) \tag{6}$$

$$\lambda_\infty = m(c_{B,0} - c_{A,0}) + c_{A,0}(n + p) \tag{7}$$

式（5）－式（7）：

$$\lambda - \lambda_\infty = (l + m - n - p)(c_{A,0} - c_x) \tag{8}$$

式（6）－式（7）：

$$\lambda_0 - \lambda_\infty = (l + m - n - p)c_{A,0} \tag{9}$$

将式(8) 和式(9) 代入一级反应速率方程式(1)，得：

$$\ln \frac{\lambda_0 - \lambda_\infty}{\lambda - \lambda_\infty} = kt \tag{10}$$

如果 m、n、p 为零，即这些物质与 λ 无关，则有：

$$\lambda_\infty = 0$$

那么式(10) 可简化为：

$$\ln \frac{\lambda_0}{\lambda} = kt \tag{11}$$

物性 λ 可以是旋光度、吸光度、体积、压力、电导等。

对本实验而言，以旋光度代入式(10)，得一级反应速率方程式：

$$\ln \frac{\alpha_0 - \alpha_\infty}{\alpha - \alpha_\infty} = kt \tag{12}$$

以 $\ln(\alpha - \alpha_\infty)$ 对 t 作图，直线斜率即为 $-k$。

通常有两种方法测定 α_∞：一是将反应液放置 48h 以上，让其反应完全后测 α_∞；二是将反应液在 50～60℃ 水浴中加热半小时以上，再冷却到实验室温度测 α_∞。前一种方法时间太长，而后一种方法容易产生副反应，使溶液颜色变黄。

3. Guggenheim 法数据处理

本实验如果采用 Guggenheim 法处理数据，可以不必测 α_∞。

把在 t 和 $t+\Delta$ （Δ 代表时间间隔）测得的 α 分别用 α_t 和 $\alpha_{t+\Delta}$ 表示，则根据式(12) 可得出：

$$\alpha_t - \alpha_\infty = (\alpha_0 - \alpha_\infty)e^{-kt} \tag{13}$$

$$\alpha_{t+\Delta} - \alpha_\infty = (\alpha_0 - \alpha_\infty)e^{-k(t+\Delta)} \tag{14}$$

式(13) 减去式(14)：

$$\alpha_t - \alpha_{t+\Delta} = (\alpha_0 - \alpha_\infty)e^{-kt}(1 - e^{-k\Delta})$$

取对数：

$$\ln(\alpha_t - \alpha_{t+\Delta}) = \ln[(\alpha_0 - \alpha_\infty)(1 - e^{-k\Delta})] - kt \tag{15}$$

从式(15) 可见，只要 Δ 保持不变，右端第一项为常数，从 $\ln(\alpha_t - \alpha_{t+\Delta})$ 对 t 作图所得直线的斜率即可求得 k。

Δ 可选为半衰期的 2～3 倍，或反应接近完成的时间之半。本实验可取 $\Delta = 30\text{min}$，每隔 5min 取一次读数。

三、实验材料

1. 仪器及器具

旋光仪全套，电子天平，50mL 容量瓶，25mL 移液管，100mL 锥形瓶，50mL 烧杯，洗耳球，玻璃棒，滴管。

2. 试剂和药品

蔗糖（AR），HCl 溶液（4mol/L），蒸馏水。

四、实验步骤

1. 阅读旋光仪的说明书，了解和熟悉旋光仪的构造和使用方法。

2. 旋光仪零点校正。

(1) 旋光仪开机预热，使钠光灯发光稳定。

(2) 用蒸馏水洗净旋光管。

(3) 将旋光管一端的盖子旋紧，另一端的盖子打开，向管内注满蒸馏水，使液体形成一凸出液面，把小玻片紧贴旋光管端口盖好，旋紧旋光管套盖，勿使漏水。旋光管内尽量避免有气泡，若有少许气泡，应调节到旋光管凸起部位，以不影响光线通路为准。

(4) 用滤纸或软布擦干旋光管外壁，用擦镜纸擦净旋光管两端的小玻片。将旋光管放入旋光仪的样品室，进行旋光仪零点校正。记住旋光管安放的位置和方向。

3. 蔗糖水解反应过程旋光度的测定。

(1) 称取10g蔗糖于烧杯中，加少量水溶解，用50mL容量瓶配成溶液，摇匀备用。

(2) 将上述50mL蔗糖水溶液倒入100mL锥形瓶中，用25mL移液管吸取50mL的4mol/L的HCl溶液放入锥形瓶，HCl溶液加入一半时开始计时，即作为反应起始的时间($t=0$)，将锥形瓶中的溶液搅拌均匀。用少量反应液淌洗旋光管2～3次，并将旋光管装满反应液[方法与步骤2(3)相同]。把旋光管放入旋光仪样品室，放置的方向和位置与步骤2中的相同。

(3) 从开始计时起，时间进行到5min时，测量第一次旋光度。

(4) 此后，每隔5min测一次，经1h后停止实验。

4. 实验结束后，关闭仪器电源，用自来水、蒸馏水清洗旋光管等玻璃仪器。

五、注意事项

1. 由于酸对仪器有腐蚀，操作时应特别注意，避免酸液滴到仪器上。旋光管放入旋光仪前，一定要将外部擦干净，防止溶液腐蚀仪器。

2. 旋光管螺帽旋至不漏液即可，过紧会造成损坏，或因小玻片受力而致使有一定的假旋光。

3. 注意旋光管装蒸馏水校正时，记住摆放的方向和位置，待放蔗糖和盐酸混合液时也放回相同的位置和方向。

4. 加入一半的盐酸溶液时即开始计时，并且在5min后测量第一个旋光度数据，因此用蔗糖和盐酸混合液淌洗旋光管、装满旋光管的操作要快。

5. 旋光管中加样时，应尽可能加满而不留有气泡，如不小心存在气泡，应将气泡赶至旋光管的凸起处，使其避开光路。

6. 温度对蔗糖水解反应速率常数影响较大。旋光仪的钠光灯发热使放置旋光管的样品室温度变化较大，为此可采取每测试一个旋光度数据后，便将旋光管从旋光仪样品室中取出，下次测试时再放入；不测试时，样品室盖打开散热，测试时再盖上盖子以减少实验过程温度的变化对实验结果造成的影响。

7. 实验结束后必须将旋光管上下管口打开并冲洗干净，否则旋光管金属螺帽易被腐蚀，导致漏液。

六、实验结果

将不同时间蔗糖溶液的旋光度记录于表 15。

表 15　不同时间蔗糖溶液的旋光度

温度：

t/min	α_t	$t+\Delta/\text{min}$	$\alpha_{t+\Delta}$	$\alpha_t-\alpha_{t+\Delta}$	$\ln(\alpha_t-\alpha_{t+\Delta})$
5		35			
10		40			
15		45			
20		50			
25		55			
30		60			

数据处理要求：以 $\ln(\alpha_t-\alpha_{t+\Delta})$ 对 t 作图，并进行线性拟合，求出蔗糖水解反应速率常数 k。建议用 Origin 软件进行作图和线性拟合。

七、思考题

1. 实验中为何要用蒸馏水校正旋光仪零点？
2. 蔗糖溶液为何可粗略配制？这对结果有无影响？
3. 蔗糖水解所用溶液为何必须现配，而不能久置再用？
4. 在混合蔗糖溶液和 HCl 溶液时，我们将 HCl 溶液加到蔗糖溶液中去，可否把蔗糖溶液加到 HCl 溶液中去？为什么？
5. 蔗糖水解按一级反应进行的条件是什么？

实验十

乙酸乙酯皂化反应速率常数的测定

一、实验目的

1. 掌握用电导法测定乙酸乙酯皂化反应速率常数的方法。
2. 掌握电导率仪的使用方法。
3. 掌握用 Origin 软件进行数据处理的方法，即用两种方法（即自定义函数非线性拟合法和 Guggenheim 法）处理数据，求得反应速率常数。

二、实验原理

1. 乙酸乙酯皂化反应动力学方程与溶液电导的关系

乙酸乙酯皂化反应为二级反应：

$$CH_3COOC_2H_5 + OH^- \longrightarrow CH_3COO^- + C_2H_5OH$$

其反应速率可采用下式表示：

$$-\frac{dc_A}{dt} = \frac{dc_x}{dt} = K(c_{A,0} - c_x)(c_{B,0} - c_x) \tag{1}$$

式中 $c_{A,0}$，$c_{B,0}$——两种反应物的初始浓度；

$\qquad c_x$——经过时间 t 后减少的两种反应物的浓度；

$\qquad K$——反应速率常数。

当两个反应物的初始浓度相同时，对式(1) 移项、积分，则有：

$$K = \frac{1}{tc_0} \times \frac{c_x}{c_0 - c_x} \tag{2}$$

对于乙酸乙酯的皂化反应，随皂化反应的进行，溶液导电能力强的 OH^- 逐渐被导电能力弱的 CH_3COO^- 所取代，溶液电导逐渐减小。

对于该体系，溶液的电导实际上是由反应物 NaOH 与产物 NaAc 两种电解质贡献的：

$$G_t = l_{NaOH}(c_0 - c_x) + l_{NaAc}c_x \tag{3}$$

式中　　　G_t——t 时刻溶液的电导；

l_{NaOH}，l_{NaAc}——两电解质的电导的比例常数（在稀溶液中可认为电导与浓度成正比）。

乙酸乙酯和乙醇的电导很低，因此，可认为，反应开始时溶液的电导 G_0 为 NaOH 所贡献，反应完毕溶液的电导 G_∞ 为 NaAc 所贡献，因此：

$$G_0 = l_{NaOH}c_0 \tag{4}$$

$$G_\infty = l_{NaAc}c_0 \tag{5}$$

联立式（3）和式（4）有：

$$G_0 - G_t = (l_{NaOH} - l_{NaAc})c_x \tag{6}$$

联立式（3）和式（5）有：

$$G_t - G_\infty = (l_{NaOH} - l_{NaAc})(c_0 - c_x) \tag{7}$$

则，由式（6）/式（7），并代入式（2）可得：

$$K = \frac{1}{tc_0} \times \frac{G_0 - G_t}{G_t - G_\infty} \tag{8}$$

2. 自定义函数非线性拟合求反应速率常数 K

由式（8）可变换为：

$$G_t = \frac{G_0 + G_\infty Kc_0 t}{1 + Kc_0 t} \tag{9}$$

由式（9）可见，通过测定反应体系中不同时间 t 对应的溶液的电导 G_t，用 Origin 软件，按照式（9）进行自定义函数非线性拟合，则可求得 K、G_0 和 G_∞。

3. Guggenheim 法处理数据求反应速率常数 K

除了上述的直接拟合法，采用 Guggenheim 法处理数据，也可求得反应速率常数 K，具体如下。

式（8）可转换为：

$$G_t = G_0 - Kc_0 t(G_t - G_\infty) \tag{10}$$

则较 t 滞后一定时间间隔 Δ 的动力学方程为：

$$G_{t+\Delta} = G_0 - Kc_0(t+\Delta)(G_{t+\Delta} - G_\infty) \tag{11}$$

由式（10）-式（11），可得：

$$G_t - G_{t+\Delta} = Kc_0[\Delta G_{t+\Delta} - t(G_t - G_{t+\Delta})] - Kc_0 \Delta G_\infty \tag{12}$$

式（12）等号两边同时除以 c_0，可得：

$$\frac{G_t - G_{t+\Delta}}{c_0} = K[\Delta G_{t+\Delta} - t(G_t - G_{t+\Delta})] - K\Delta G_\infty \tag{13}$$

从式（13）可见，当反应温度恒定时，只要 Δ 保持不变，$K\Delta G_\infty$ 是常数，以 $\dfrac{G_t - G_{t+\Delta}}{c_0}$ 对 $\Delta G_{t+\Delta} - t(G_t - G_{t+\Delta})$ 作线性拟合，所得直线斜率即为反应速率常数 K。

4. 本实验可取 $\Delta = 6$min，每隔 1min 读取一次反应体系的电导率，测定 12min 以上。

三、实验材料

1. 仪器及器具

电导率仪，50mL 烧杯，2mL 移液管，20mL 移液管，100mL 容量瓶。

2. 试剂和药品

乙酸乙酯（AR），NaOH 溶液（0.100mol/L），蒸馏水。

四、实验步骤

1. 用容量瓶配制 100mL 0.100mol/L 乙酸乙酯溶液。

2. 移取 20mL 0.100mol/L 的 NaOH 溶液放于干净的 50mL 烧杯中，移取 20mL 0.100mol/L 的乙酸乙酯溶液，放于同一烧杯中，及时记录反应开始时间，混合均匀，测定电导率。

3. 测定 0.050mol/L 的 NaOH 溶液的电导率 k_0（与拟合数据比较）。

五、注意事项

1. 空气中的 CO_2 会溶入蒸馏水和配制的 NaOH 溶液中，而使溶液浓度发生改变，因此在实验中可用煮沸后的蒸馏水，同时在配好的 NaOH 溶液瓶上装配碱石灰吸收管等方法处理。

2. 使用铂黑电极时要小心谨慎，严禁用纸擦到铂黑部分，也不能用剧烈水流冲洗。

3. 实验前后，均要将铂黑电极用蒸馏水淌洗干净。

4. 配制反应体系，当用移液管移取乙酸乙酯溶液于已加入 NaOH 溶液的烧杯中，加入第一滴乙酸乙酯溶液即开始计时，并且要在 1min 后测量反应体系的第一个电导率数据，因此加入乙酸乙酯溶液，使其与 NaOH 溶液混合均匀，并放入铂黑电极准备测量等操作要快。

六、实验结果

将乙酸乙酯皂化反应数据记录在表 16 中。

表 16　乙酸乙酯皂化反应数据记录表

温度：　　　　　　　　　　大气压力：

t /min	k_t /(mS/cm)	$t+\Delta$ /min	$k_{t+\Delta}$ /(mS/cm)	$k_t - k_{t+\Delta}$ /(mS/cm)	$\Delta k_{t+\Delta} - t(k_t - k_{t+\Delta})$ /(mS·min/cm)
1		7			
2		8			
3		9			
4		10			
5		11			
6		12			

将 0.050mol/L 的 NaOH 溶液的电导率 k_0 记录在表 17 中。

表 17　0.050mol/L 的 NaOH 溶液的电导率 k_0

编号	1	2	3	平均值
电导率 k_0 /(mS/cm)				

数据处理要求：

1. 必须采用两种方法，即自定义函数非线性拟合法和 Guggenheim 法处理数据，求取乙酸乙酯皂化反应速率常数 K，并对两种方法得到的反应速率常数 K 进行比较。

2. 对反应体系起始的电导率 k_0 的理论值和测定值进行比较。

七、思考题

1. 反应进程中溶液的电导率如何变化？

2. 电导率仪测定的是溶液的电导率，实验原理中有关公式均是涉及电导，进行数据处理时是否需要变换？

3. 调节电导率仪的参数时，是否需要进行温度补偿的调节？

4. 请分析本实验的误差来源。

参 考 文 献

[1] 毕韶丹，周丽，王凯，等 . 物理化学实验 . 北京：清华大学出版社，2018.
[2] 毕韶丹，王凯 . 物理化学实验 . 北京：北京理工大学出版社，2021.
[3] 唐林，刘红天，温会玲 . 物理化学实验 . 北京：化学工业出版社，2016.
[4] 宋光泉 . 大学通用化学实验技术（上册）. 北京：高等教育出版社，2009.
[5] 罗澄源，向明礼，等 . 物理化学实验 . 北京：高等教育出版社，2004.
[6] 复旦大学，等 . 物理化学实验 . 第 3 版 . 北京：高等教育出版社，2004.
[7] 武汉大学化学与分子科学学院实验中心 . 物理化学实验 . 第 2 版 . 武汉：武汉大学出版社，2012.
[8] 许新华，王晓岗，王国平，等 . 物理化学实验 . 北京：化学工业出版社，2017.
[9] 叶跃雯，王艳青 . 物理化学实验 . 合肥：合肥工业大学出版社，2016.
[10] 孙尔康，徐维清，邱金恒 . 物理化学实验 . 南京：南京大学出版社，1998.
[11] 王兵，于浩，严峰，等 . 物理化学实验 . 哈尔滨：哈尔滨工程大学出版社，2011.
[12] 韩喜江，张天云 . 物理化学实验 . 哈尔滨：哈尔滨工业大学出版社，2004.
[13] 北京大学化学学院物理化学实验教学组 . 物理化学实验 . 第 4 版 . 北京：北京大学出版社，2002.
[14] 天津大学物理化学教研室 . 物理化学（上册）. 第 6 版 . 北京：高等教育出版社，2017.
[15] 天津大学物理化学教研室 . 物理化学（下册）. 第 6 版 . 北京：高等教育出版社，2017.

第四篇
环境工程微生物实验

实验一

普通光学显微镜的使用

一、实验目的

1. 了解普通光学显微镜的结构、各部分组成及其功能和使用方法。
2. 正确使用、保养普通光学显微镜。
3. 能够用光学显微镜观察常见微生物的个体形态。
4. 制作水浸片，在光学显微镜下观察酵母菌的形态并计数。

二、实验原理

显微镜是观察微观世界的重要工具。微生物实验室中最常用的是普通光学显微镜，是利用光学原理，通过目镜和物镜两组透镜系统把肉眼所不能分辨的微小物体放大成像的光学仪器，又称为复式显微镜。普通光学显微镜由机械装置和光学系统两部分组成。普通光学显微镜的结构示意图如图1所示。

1. 机械装置

（1）镜座

镜座是普通光学显微镜的底座，用以支撑整台显微镜。

（2）镜臂

镜臂用以连接镜筒和镜座。其作用是支撑镜筒、载物台、聚光镜、调焦装置等。镜筒上连目镜、下连转换器，光线从筒中通过。普通光学显微镜的标准筒长为160mm，该数字标注在物镜的外壳上。

（3）物镜转换器

物镜转换器是用于安装物镜的圆盘，其上可以安装3~5个物镜。选择使用不同物镜时，不能用手直接推动物镜，而应该旋转转换器使相应物镜到使用位置。

（4）载物台

载物台用于安放载玻片，中间有一通光孔。载物台上有玻片夹和玻片推动器。调节玻片

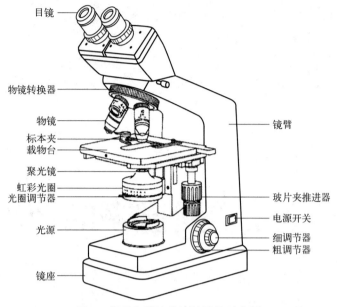

图 1　普通光学显微镜的结构示意图

推动器可使玻片前后和左右移动。推动器上的刻度标尺，可用来标定标本的纵横位置，便于重复观察。

（5）调焦装置

调焦装置是安装在镜臂两侧的粗调节器和细调节器，用于调节物镜与标本之间的垂直距离以便聚集使物像更清晰。粗调节器旋转一圈可调节 20mm 的距离，细调节器旋转一圈可调节 0.1mm 的距离。

2. 光学系统

（1）物镜

物镜是光学显微镜中最重要的光学部件。物镜有低倍（4×和 10×）、高倍（40×）、油镜（100×）等不同放大倍数。油镜上刻有"OIL"字样并刻有一圈白线作为标记以区别于其他物镜。物镜上标有放大倍数、数值孔径、工作距离和要求盖玻片的厚度等参数。

数值孔径（numerical aperture，NA）是指介质的折射率与半镜口角正弦的乘积：

$$NA = n \sin \frac{\alpha}{2} \tag{1}$$

式中　n——物镜与标本间介质的折射率；

α——镜口角，即透过标本的光线延伸到物镜前透镜边缘所形成的夹角。

光学显微镜的性能主要取决于分辨率。分辨率是指光学显微镜能辨别物体两点间的最小距离（D）的能力：

$$D = \frac{\lambda}{2NA} \tag{2}$$

式中　λ——光波的波长；

NA——物镜的数值孔径。

D 值越小，分辨率越高。可通过缩短光波波长、增大数值孔径来提高分辨率。从式(1)可知提高物镜与标本间介质的折射率可增大数值孔径，这就是使用油镜的原因。通常使用香柏油，其折射率为 1.52，而空气的折射率为 1。以空气为介质时数值孔径小于 1，而使用香柏油时数值孔径一般为 1.2～1.4。滴加的香柏油还可以提高照明度。油镜的作用如图 2 所示。

（2）目镜

目镜的作用是将物镜放大了的实像进行第二次放大，形成虚像映入眼帘。目镜上的字样 10×、15×，表示目镜的放大倍数。

普通光学显微镜的总放大倍数等于物镜放大倍数与目镜放大倍数的乘积。

（3）聚光镜

聚光镜有聚光线的作用，可以上下移动。当用低倍物镜时聚光镜应下降，高倍物镜时聚光镜应上升。在观察比较透明的标本时，光圈应缩小些。

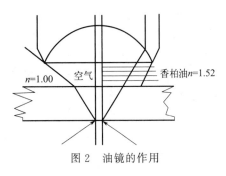

图 2 油镜的作用

三、实验材料

1. 仪器及器具

普通光学显微镜，擦镜纸，滴管，载玻片，盖玻片，滤纸。

2. 微生物

枯草芽孢杆菌、金黄色葡萄球菌、大肠杆菌、青霉、毛霉、根霉、面包酶、啤酒酵母、链霉菌、放线菌、细菌三型、颤蓝细菌、微囊蓝细菌、念珠蓝细菌、硅藻等染色标本玻片，酵母菌培养液或 1 支酵母菌斜面菌种。

3. 试剂

香柏油，二甲苯，无水乙醇，镜片清洁剂，乙醚，0.05％美蓝染色液。

四、实验步骤

1. 准备工作

清理实验台，放置普通光学显微镜于平整的实验台上，镜座距实验台边缘约 10cm。

根据个人情况，调节普通光学显微镜的双筒目镜间距以适应不同观察者的瞳距。调节目镜视度调整环，以适应双眼视力有差异的观察者，适当调节照明亮度。

2. 使用普通光学显微镜进行观察

利用普通光学显微镜观察微生物时，应遵守从低倍物镜到高倍物镜再到油镜的使用顺序。根据不同微生物大小选用不同放大倍数的物镜。在观察霉菌、酵母菌等个体较大的微生物个体形态时，选择低倍或高倍物镜；观察个体相对较小的细菌等微生物个体形态时，选择高倍物镜或油镜。

（1）低倍物镜观察

将标本玻片置于载物台上，用标本夹夹住，通过调节玻片推动器使观察目标处于物镜的正下方。旋动粗调节器，使物镜与标本玻片距离约为 0.5cm 时，再用细调节器调焦，使物像清晰。然后调节玻片推动器，将观察目标移至视野的中心位置，仔细观察并绘图记录。

（2）高倍物镜观察

轻轻转动物镜转换器，将高倍物镜移至工作位置，调节聚光镜光圈及视野亮度，然后慢慢旋转细调节器使物像清晰，调节玻片推动器找到需要观察的部位，移至视野中心仔细观察并记录。

（3）油镜观察

在高倍物镜下找到合适的观察目标并将其移至视野中心后，旋转物镜转换器将油镜慢慢转到工作位置，在目标区域滴加一滴香柏油。从侧面注视，小心慢慢下降油镜，使油镜镜头浸在油滴中至油圈不扩大，镜头几乎与玻片接触，但不可压到玻片。将聚光镜升至最高位置并开大光圈。微调细调节器使物像清晰，调节玻片推动器移动标本仔细观察并记录。如果因镜头下降未到位或镜头上升太快没有发现目标，需重新调节，再从侧面观察，将油镜再次降下，重复操作直至看清目标。

3. 水浸片制作及酵母菌观察

取一干净的载玻片放在实验台上，滴加一滴 0.05％美蓝染色液，用滴管吸取试管中酵母菌培养液（挑取少量酵母菌斜面培养物）于载玻片中央的染色液中，染色 3min。用干净的盖玻片盖在液滴上（注意不能有气泡）。然后用光学显微镜观察酵母菌的形态、大小和芽体，绘制酵母菌形态图，并计算死亡率。

4. 普通光学显微镜使用后的处理

使用完毕，抬升物镜，取下载玻片。

立即用擦镜纸擦去油镜镜头上的油，然后另取洁净擦镜纸蘸少许二甲苯擦去镜头上残留的油迹（按一个方向擦拭，不要来回擦拭）。二甲苯的使用量不宜过多，时间也不宜过长。最后再用洁净的擦镜纸擦去残留的二甲苯，并用洁净的擦镜纸清洁其他物镜和目镜。用绸布清洁光学显微镜的金属部位。

将光学显微镜各部件还原，将光源亮度调低并关闭。将电源关闭，拔下电源插头。将载物台下降至最低，物镜转成八字形，降下聚光镜。套上防尘盖，置于阴凉干燥处存放，可放回柜内或镜箱中。

如果光学显微镜停用时间较长，应将物镜、目镜从主机上取下并放入干燥器内保存。主机应该盖好防尘盖并用防尘罩将主机严密遮盖保存。

5. 普通光学显微镜的保养

（1）光学显微镜是精密仪器，操作时要小心，避免突然、剧烈的震动。

（2）光学显微镜避免在阳光下暴晒。应放在干燥、通风、清洁、无酸碱蒸气的室内，以免镜头发霉。在不使用时应用专门的防尘罩将其罩起来。

（3）清洁镜头，擦拭时首先把可见的灰尘吹去，然后用擦镜纸蘸取少许镜片清洁剂或无水乙醇擦拭镜片表面。重的污垢和指印用镜头纸蘸少许酒精和乙醚的混合液轻轻擦拭。

不能随意拆卸光学显微镜上的零件，尤其是物镜、目镜、镜筒，否则容易造成功能失调、性能下降。

（4）操作时双手要干净无油。不能用手沾抹镜头，否则影响观察。当镜片沾有有机物后容易发霉。每次使用光学显微镜后，必须用擦镜纸仔细擦净所有的目镜和物镜。

（5）禁止用光学显微镜观察含有浸蚀剂未干的试样，以免腐蚀物镜等光学元件。禁止将显微镜与挥发性药品或腐蚀性酸类存放在一起，这些物质对显微镜金属质机械装置和光学系统有害。

五、注意事项

1. 光学显微镜属于精密仪器，在取放时应使光学显微镜保持直立、平稳。不能单手拎提，应一手握住镜臂、一手托住底座。不要任意拆卸各种零件，以防损坏。不要随意取下目镜，以防止尘土落入物镜。

2. 佩戴眼镜使用光学显微镜时，注意不要使眼镜镜片与目镜镜头接触，以免造成划痕。光学显微镜有聚焦校正功能，在观察时可以不戴眼镜。

3. 在使用低倍物镜观察中，采用粗调螺旋向下调节物镜时，眼睛不能从目镜观察而应注视着物镜，以免物镜和载玻片相碰。当物镜距离载玻片约 0.5cm 时，停止向下旋转改用细调节器进行调焦。

4. 二甲苯等清洁剂对镜头会造成损伤，注意不要过量使用、不要在镜头上停留时间过长，清洁剂不能残留在镜头上。切忌用手或其他纸张擦拭镜头，以免损坏镜头。

5. 所用的载玻片一定要干净无油，否则液滴涂布不均匀，会影响观察。盖盖玻片时，应先将其一边接触液滴，再慢慢放下盖玻片，不能有气泡。做好水浸片后尽快观察，否则液滴容易风干，酵母菌容易失水变形或死亡。

六、实验结果

1. 分别绘出用低倍镜或高倍镜观察到的不同微生物的形态。

2. 绘出用油镜观察到的微生物个体形态图，注意观察其个体形态、大小、排列方式、芽孢着生位置。

3. 画出酵母菌形态图，计算酵母菌死亡率。

七、思考题

1. 在载玻片和油镜镜头之间滴加香柏油有什么作用？使用油镜时应注意哪些事项？

2. 香柏油比较贵，并且用来清洗时用到的二甲苯有一定的毒性，请问可以采用哪些物质来替代香柏油或二甲苯？

3. 影响光学显微镜分辨率的因素有哪些？是否放大倍数越大看得越清楚？

4. 制作水浸片观察酵母菌时有哪些注意事项？如何判别酵母菌的死活？

实验二

酵母菌的血球计数板计数法

一、实验目的

1. 掌握血球计数板计数法的原理。
2. 学习利用血球计数板进行酵母菌计数。

二、实验原理

血球计数板是一种专门用于计数较大的单细胞微生物的常见的生物学工具。

血球计数板计数法是将菌悬液加入血球计数板与盖玻片之间的计数室内，计数室的容积是一定的，先测定计数室内若干个方格中微生物的数量，然后再换算成单位体积样品中微生物细胞的数量。

血球计数板是由一块特制玻片制成的，玻片中由 H 形凹槽分为 2 个计数池，计数池两侧各有一个支持柱，用特制的专用盖玻片覆盖其上后形成高为 0.10mm 的计数室。

计数池中方格网上刻有 9 个大方格，最中间的一个大方格为计数室。计数室的刻度有两种规格：一种规格是计数室分为 16 个中方格（中方格之间用双线分开），位于四角的 4 个中方格是计数区域；另一种规格是计数室分为 25 个中方格，每个中方格又分成 16 个小方格，位于正中央及四角的 5 个中方格是计数区域。两种规格的计数室都是由 400 个小方格组成的。计数室的边长为 1mm，盖上盖玻片后，计数室的高度为 0.1mm。计数室的面积为 $1mm^2$，体积为 $0.1mm^3$，每个小方格的面积和体积分别为 $1/400mm^2$ 和 $1/4000mm^3$。

血球计数板可以在显微镜下直接进行观察计数，特点是简便快捷。在计数时会把死细胞和微小杂物也计算在内，所以得出的结果往往偏高。

本实验采用血球计数板进行酵母菌的计数。

三、实验器材

1. 仪器与器具

普通光学显微镜，高压蒸汽灭菌器，血球计数板，无菌毛细滴管，微量移液器，专用盖玻片（22mm×22mm），吸水纸，擦镜纸。

2. 菌种

酵母菌菌悬液。

3. 试剂

无菌生理盐水，无菌蒸馏水。

四、实验步骤

1. 稀释

视待测酵母菌菌悬液的浓度，加无菌生理盐水进行适当稀释，以每小格的细胞数可数为度，一般将样品稀释至每一小格有 3~5 个酵母细胞。

2. 加样

取一洁净的血球计数板，在计数区上盖上一块专用盖玻片。

将菌悬液摇匀，用无菌毛细滴管或微量移液器吸取少许菌悬液，从计数板中间平台两侧的沟槽内沿专用盖玻片的边缘慢慢加入菌悬液，让菌悬液在液体的表面张力下充满计数室，注意不能产生气泡，用吸水纸吸去沟槽中流出的多余菌悬液。

3. 计数

静置 3min，使酵母细胞沉降到计数板上不再流动，方便计数。

将血球计数板放置于普通光学显微镜的载物台中央，先在低倍镜下找到计数区域后，再转换至高倍镜观察并计数。若发现菌悬液太浓或太稀，需要重新调整稀释度后再进行计数。

血球计数板示意图见图 3。

计数时，若计数室是由 16 个中方格组成的，按对角线方位，对左上、左下、右上、右下的 4 个中方格（一共 100 个小格）进行计数。如果计数室是由 25 个中方格组成的，除计数上述四个中方格外，还需计数中间中方格的菌数，即计数 5 个中方格（一共 80 个小格）。

每个样品重复计数 3 次，每次计数值相差不应过大，否则应重新操作。

按公式计算出每毫升菌悬液所含酵母细胞数量，然后根据稀释倍数计算样品浓度。

（1）16 中方格×25 小方格的血球计数板计算公式：细胞数（个/mL）＝（计数区内 4 个中方格内的总细胞数/100）×400×10^4×稀释倍数。

（2）25 中方格×16 小方格的血球计数板计算公式：细胞数（个/mL）＝（计数区内 5 个中方格内的总细胞数/80）×400×10^4×稀释倍数。

4. 血球计数板的清洁

计数完毕后，取下盖玻片，用无菌蒸馏水将血球计数板冲洗干净，切勿用硬物洗刷，以免损坏计数板上的网格刻度。洗净后自然风干或用吹风机吹干，或用无水乙醇、丙酮等有机

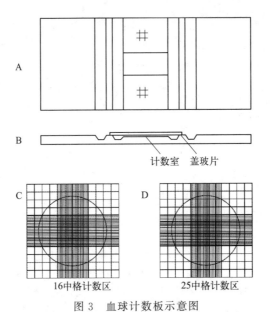

16中格计数区   25中格计数区

图 3　血球计数板示意图

A—血球计数板俯视图；B—血球计数板剖面图；C—16 中格计数区；D—25 中格计数区

溶剂脱水使其干燥。通过光学显微镜镜检观察血球计数板每小格内是否还有残留菌体或其他沉淀物，若有，需要再次清洗直到洗干净为止。清洁干燥后放入盒内保存。

五、注意事项

1. 取样计数前，充分混匀细胞菌悬液，使菌悬液分散成单个细胞。

2. 由于活细胞的折射率接近于水的折射率，使用光学显微镜观察时应减弱光照的强度。

3. 先加菌悬液到计数室再加盖玻片时，注意不要使计数区两边平台沾上菌悬液，以免加盖玻片后使计数室的深度超过 0.1mm。

4. 为了保证计数的准确性，避免重复计数或漏计，如菌体位于中方格的双线上，计数时计上线不计下线、计左线不计右线，即位于本中方格上线和左线上的细胞计入本格，本中方格的下线和右线上的细胞按规定不计入本格中。

5. 对于出芽的酵母菌，当芽体达到母细胞大小的一半及以上时，即可作为两个细胞计数。

6. 在光学显微镜下观察计数室的酵母菌时，要不断调整细调节器，以便可以观察到不同深度的酵母细胞并计数。

7. 用于血球计数板的盖玻片应具有一定的重量，并需要平整、光滑、无裂痕，厚薄均匀一致。

8. 对菌悬液进行稀释及加样时一定要充分混匀。并且必须一次性充满计数室，以防止产生气泡，加入细胞悬液的量不能超过计数室台面与专门盖玻片之间的矩形边缘。

六、实验结果

将酵母菌计数结果记录于表1。

表1　酵母菌计数结果记录表

测定次数	每个中方格内的细胞数/个					几个中方格的细胞总数/个	稀释倍数	样品浓度/(个/mL)
	左上角	右上角	中间	左下角	右下角			
第一次								
第二次								
第三次								

七、思考题

1. 分析血球计数板进行酵母菌计数时的误差来源于哪些方面？应如何减少误差？

2. 为什么用血球计数板计数法时，对样品浓度要求在 $10^5 \sim 10^6$ 个/mL？

3. 能否用血球计数板在油镜下计数细菌的数量？为什么？

4. 进行酵母菌计数实验中，使用血球计数板时有哪些注意事项？

实验三

细菌的简单染色和革兰氏染色

一、实验目的

1. 学习细菌简单染色方法。
2. 熟悉细菌的革兰氏染色原理和操作方法。
3. 能够用光学显微镜观察微生物个体形态。

二、实验原理

微生物尤其是细菌小而透明，在光学显微镜下观察时，菌体和背景没有明显的反差，不易识别。可通过染色增加色差，着色后的菌体折光性弱，色差明显，容易观察。

微生物细胞表现出两性电解质的性质，在酸性溶液中带正电，在碱性溶液中带负电。而细菌的等电点为 2～5，通常情况下细菌表面带负电荷，容易与碱性染料结合。亚甲基蓝、结晶紫、番红等为碱性染料。

革兰氏染色法是细菌学中很重要的一种鉴别染色方法，1884 年由丹麦医生 Gram 创立。按照细菌对此染色法的不同反应，可把细菌分为革兰氏阳性菌和革兰氏阴性菌两大类。先用碱性染料草酸铵结晶紫染色液使细菌细胞着色，然后采用革兰氏碘液进行媒染，再用 95% 乙醇脱色，最后用番红染色液进行复染。如果细菌能保持草酸铵结晶与碘的复合物而不被酒精脱色，最后则呈紫色，称为革兰氏阳性菌（G^+）；如果能被酒精脱色而后被番红染色液染成红色，则称为革兰氏阴性菌（G^-）。

革兰氏染色的机理主要与细菌的细胞壁结构和成分有关。革兰氏阴性菌的细胞壁肽聚糖层交联度低并且很薄，还含有较多类脂质，当用脱色剂处理时，类脂质被溶解从而增加了细胞壁的通透性，结果由于结晶紫和碘的复合物容易渗出细胞壁而被脱色，再经番红染色液复染后呈现红色。而革兰氏阳性菌的细胞壁肽聚糖层厚且交联度高而紧密，但类脂质含量少，经脱色处理时使肽聚糖层的孔径缩小，结果使其通透性降低，因此结晶紫和碘的复合物会留在细胞壁内而不被脱色，仍然保持紫色，所以当再用番红染色液进行复染时不能被染成红色而保持紫色。

三、实验器材

1. 仪器与器具

普通光学显微镜，高压蒸汽灭菌器，恒温培养箱，酒精灯（或本生灯），接种环，载玻片，吸水纸，擦镜纸，染色废液烧杯，护目镜。

2. 菌种

枯草杆菌、大肠杆菌的斜面菌种各一支，未知细菌斜面菌种一支。

3. 试剂

草酸铵结晶紫染色液，革兰氏碘液，0.5％番红染色液，95％乙醇，二甲苯，香柏油，无菌蒸馏水。

四、实验步骤

1. 细菌简单染色

（1）涂片

取保存在酒精溶液中的洁净载玻片，小心地在酒精灯上烧去残留酒精，冷却。用记号笔在载玻片右侧注明菌名和染色类型。

在载玻片中央滴加一小滴无菌蒸馏水。取一支接种环在酒精灯火焰上灼烧灭菌，冷却后以无菌操作从菌种的斜面上挑取少量菌苔与载玻片中央的水滴混合，涂布均匀成一薄层，涂布面积不宜过大，一般约 $1cm^2$ 即可。

（2）干燥、固定

在空气中自然风干，为了加速干燥，可将涂片的涂面向上放在 45℃ 的烘片机上加热一会。

涂片干燥后，将涂片涂面向上在微小火焰上快速通过 2～3 次，使菌体完全固定在载玻片上。但不宜在高温下长时间烤干。

（3）染色

待冷却后，再进行染色。将涂片平放，在涂面上滴加结晶紫染色液染色 1～2min，染色液的量以盖满菌膜为宜。

（4）水洗

倾去染色液，斜置载玻片，用水冲去多余染色液，直到流出的水呈无色。用吸水纸吸干涂片周围的残余水滴。

（5）干燥

自然风干，或微热烘干。

（6）镜检

按显微镜的操作步骤观察细菌个体形态，进行形态图的绘制。

（7）实验后处理

清洁光学显微镜；清洗染色载玻片，将染色废液烧杯中废液倒入实验室指定废液桶。

2. 细菌的革兰氏染色

（1）涂片

在干净的载玻片上滴一小滴无菌蒸馏水，在无菌操作条件下用接种环从斜面挑取少许菌种与载玻片上的水滴混合，在载玻片上涂布成面积约 $1cm^2$ 的薄层。

若菌种材料为液体培养物，则用无菌接种环挑取 $1 \sim 3$ 环菌液直接涂布于载玻片上即可。

（2）干燥、固定

在室温中自然风干。

将已经干燥的涂片菌面朝上，在微火上快速通过 $2 \sim 3$ 次，使菌体牢固附着在载玻片上。

（3）染色

对于染色过程中产生的废液，每位学生先收集至各自的染色废液烧杯，最后收集至实验室指定的废液桶。

① 初染：将已经冷却的载玻片平放，滴加适量（以盖满菌膜为度）草酸铵结晶紫染色液于菌膜部位，染色 $1 \sim 2min$。然后倾去染色液，水洗。

② 媒染：用革兰氏碘液冲去残留水，滴加革兰氏碘液覆盖菌膜，媒染 $1 \sim 2min$，水洗。

③ 脱色：滴加体积分数为 95% 的乙醇，$30 \sim 45s$ 后立即水洗；或滴加体积分数为 95% 乙醇到菌膜上，将载玻片晃几下即倾去乙醇，如此重复 $2 \sim 3$ 次后立即水洗。

④ 复染：滴加番红染色液覆盖菌膜，染色 $2 \sim 3min$，水洗。用吸水纸从载玻片边缘轻轻吸干，干燥。

（4）镜检

按光学显微镜操作步骤观察染色情况，并判断属于 G^+ 还是 G^-。

（5）实验后处理

清洁光学显微镜；清洗染色载玻片，将染色废液烧杯中废液倒入实验室指定废液桶。

五、注意事项

1. 宜选用幼龄菌进行革兰氏染色实验。用老龄菌进行革兰氏染色时，会将革兰氏阳性菌误认为是革兰氏阴性菌，出现假阴性。

2. 载玻片要洁净无油。

3. 革兰氏染色法中，挑取菌的量要少些，涂片要薄，太厚时菌体重叠不易观察到个体形态。

4. 革兰氏染色过程中不能使染色液干涸。水洗后，尽量除去残水以免稀释染色液。

5. 革兰氏染色成败的关键是脱色时间是否合适。脱色时间太长，革兰氏阳性菌可能被误认为是革兰氏阴性菌；相反，如果脱色时间太短，革兰氏阴性菌则有可能会被误认为革兰氏阳性菌。

6. 染色实验中产生的废弃染色液，不能直接倒入下水道而应倒入实验室指定废液桶，收集起来后由实验室集中统一处理。保护生态环境、守护绿水青山人人有责。

六、实验结果

将染色法革兰氏染色结果记录于表 2。

表 2　染色法革兰氏染色结果

菌种	菌体颜色	菌体形态(图示)	染色结果(G$^+$还是 G$^-$?)
大肠杆菌			
枯草杆菌			
细菌未知种			

七、思考题

1. 简述革兰氏染色步骤。

2. 革兰氏染色法中，哪些步骤会影响到染色结果的正确性？其中最关键的步骤是哪一步？为什么？

3. 革兰氏染色法中，把革兰氏染色步骤中的草酸铵结晶紫染色液和番红染色液的使用顺序颠倒一下，能不能达到鉴别细菌革兰氏染色的目的？为什么？

4. 采用乙醇脱色后番红染色液使用之前，革兰氏阳性菌和革兰氏阴性菌分别是什么颜色？能否区分开？

5. 细菌简单染色中，涂片和固定时需要注意什么？为什么要固定？

实验四

培养基的配制和灭菌

一、实验目的

1. 掌握培养基配制的基本原理。
2. 学习配制细菌培养基。
3. 学会各类物品的包装、稀释水等的配制、灭菌。
4. 本实验除了学习配制培养基和灭菌外，还为实验五作准备培养基和稀释水。

二、实验原理

培养基是按照微生物生长繁殖所需要的各种营养物质按比例配制的营养基质，是微生物生长的基质。不同微生物对营养物质的要求不同。由于实验目的不同，培养基可分成很多种类。培养基中含有微生物需要的水、碳源、氮源、无机盐、生长因子，还需要适宜的 pH 和合适的渗透压等条件。

牛肉膏蛋白胨培养基是应用最广泛的细菌基础培养基。其中牛肉膏提供碳源、能源、磷酸盐和维生素；蛋白胨提供氮源和维生素；氯化钠提供无机盐。牛肉膏蛋白胨固体培养基的配方：牛肉膏，3.0g；蛋白胨，10.0g；NaCl，5.0g；琼脂，15~20g；水，1000mL；pH 为 7.2~7.4。牛肉膏蛋白胨半固体培养基的配方：牛肉膏，3.0g；蛋白胨，10.0g；NaCl，5.0g；琼脂，5g；水，1000mL；pH 为 7.2~7.4。牛肉膏蛋白胨液体培养基配方为上述培养基中不加琼脂。

高压蒸汽灭菌的原理是利用一定压力下提高蒸汽温度来达到灭菌的目的，目前常用的是电热全自动灭菌器，使用安全、方便。使用人员需经过培训考试合格后才能使用高压蒸汽灭菌器。

三、实验器材

1. 仪器和器具

高压蒸汽灭菌器，电热干燥箱，电子天平，冰箱，恒温培养箱，试管，涂布棒，锥形瓶，烧杯，量筒，漏斗，乳胶管，弹簧夹，纱布和棉花，牛皮纸，线绳，pH 试纸，电炉或电热板，移液器，玻璃棒，滤纸，玻璃珠，铁架台，表面皿，称量纸，锥形瓶和试管的硅胶塞，记号笔，护目镜。

2. 试剂

牛肉膏，蛋白胨，NaCl，琼脂，1mol/L 的 NaOH，1mol/L 的 HCl。

四、实验步骤

实验全程戴口罩、护目镜、手套。

1. 准备实验

玻璃器皿在使用前必须洗涤干净，并自然晾干或在电热干燥箱中低温烘干。

将待灭菌的物品包装好。

锥形瓶和试管的塞子可以用硅胶塞或自制棉塞。

实验五中用到的培养皿，可以干热灭菌（160℃，2h）也可以湿热灭菌（121℃，20min）。

2. 培养基的配制

本次实验配制牛肉膏蛋白胨固体培养基。

（1）称量

根据用量依次称取各成分。其中牛肉膏可用玻璃棒挑取放在小烧杯或表面皿中称量；蛋白胨易吸湿，称量时要快速。

（2）溶解

取一洁净大烧杯，加入一定量（少于所需要的水量）的蒸馏水或自来水，加热。逐一加入各培养基成分使其溶解，其中牛肉膏用热水融化后再加入烧杯。等煮沸后，加入琼脂，并不停地用玻璃棒搅拌使琼脂溶解，注意不能烧焦或溢出。最后，补足所需水分。

（3）调节 pH

刚配好的牛肉膏蛋白胨培养液呈弱酸性，滴加 1mol/L 的 NaOH 溶液调节 pH 至 7.2～7.4。

（4）过滤

配制好的培养基，用四层纱布趁热过滤去除杂质，以利于后续实验的观察。如果所培养的微生物无特殊要求，可以不进行过滤。

（5）分装

根据不同的实验要求，将配制好的培养基分装入试管或锥形瓶。

① 分装锥形瓶：培养基的量不要超过锥形瓶总容量的 1/2。

② 分装试管：每支试管中装的量不能超过试管高度的 1/5，制作斜面时，斜面的长度不能超过管长的 1/2。

（6）包扎，灭菌

分装完成后，加塞，在塞子外包牛皮纸进行包扎。高压蒸汽灭菌，121℃灭菌 20min。

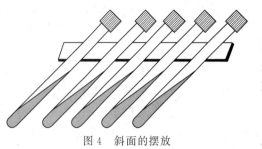

图 4　斜面的摆放

（7）斜面的制作

灭菌后的试管培养基，冷却至 50～60℃时，将试管搁置成一定的斜度，斜面长度不超过试管长度的 1/2。为实验五准备。斜面的摆放如图 4 所示。

（8）配制培养基

分别配制牛肉膏半固体培养基（分装 8 支试管，每支试管中加的培养基高度为试管高度的 1/3）和液体培养基（分装 8 支试管，每支试管中加的液体培养基高度为试管高度的 1/3）。为实验五准备。配制方法基本同上，只是配制半固体培养基时加的琼脂为 0.5%，液体培养基中不用加琼脂。

3. 稀释水的制备

（1）锥形瓶稀释水

取一个干净的 250mL 锥形瓶，放 20 颗洁净玻璃珠，加 99mL 蒸馏水或生理盐水，加塞，包扎后灭菌。高压蒸汽灭菌，121℃灭菌 20min。

（2）试管稀释水

取 5 支试管，分别装 9mL 蒸馏水或生理盐水，加塞。5 支试管放入一烧杯然后统一包扎，灭菌。高压蒸汽灭菌，121℃灭菌 20min。

4. 灭菌

通常微生物实验要求无菌操作，所以实验中用到的材料、器皿、培养皿、培养基等需要包装灭菌。

高压蒸汽灭菌器的操作步骤如下：

（1）开启电源开关，接通电源。

（2）打开容器，取出内层灭菌桶，向灭菌器内加蒸馏水至水位线处，注意水位不能太低也不能超过水位线标志，以免水浸湿被灭菌物品。

（3）把需灭菌物品放入灭菌桶内。注意物品之间应留有适当的空隙，以免影响灭菌效果。将灭菌桶放入灭菌器。

（4）盖好容器盖子，使盖与容器密合。

（5）设置灭菌工作参数，如灭菌温度、灭菌时间和保温温度等，启动灭菌程序。

（6）灭菌程序结束后，等压力降为零，温度降至 50～60℃时，打开高压蒸汽灭菌器，取出灭好菌的物品，断开电源开关。

（7）将高压蒸汽灭菌器中的水排掉。

5. 无菌检查

经灭菌的培养基冷却后置于 37℃恒温培养箱内，培养 24～48h，进行无菌检查。

五、注意事项

1. 调节培养基 pH 时，需要边滴加 1mol/L 的 NaOH 溶液边搅拌，并随时检测其 pH，不要滴加太快而使其高于所需 pH，否则又需要加酸调低 pH，反复调节会影响培养基内各种离子的浓度。

2. 加热培养液使琼脂溶解时，需要不停地搅拌，以免琼脂沉淀下来被烧焦。

3. 分装培养基时，注意不要使培养基沾染到瓶口，以免污染。配制的是固体培养基时，分装要趁热，否则分装到各试管中的琼脂量不一样，影响其凝固性。

4. 配制的培养基应尽快进行灭菌，以免其中的营养成分发生变化。灭过菌的培养基不宜保存过久。

六、实验结果

1. 本次实验配制培养基的灭菌效果如何？
2. 画出本实验的流程。

七、思考题

1. 配制好培养基后，根据实验要求需要分装到多支试管中，为什么每支试管中不能装太多？对液体培养基、固体培养基和半固体培养基的试管分装时，对加入的培养基的量有什么要求？为何不同？
2. 配制培养基时能否用铜器皿或铁器皿？为什么？
3. 培养基经灭菌后为什么需要进行无菌检查？

实验五

细菌的纯种分离和接种技术

一、实验目的

1. 掌握从土壤中分离、纯化细菌。
2. 掌握常用的分离细菌的方法。
3. 学会几种接种技术。
4. 熟练进行无菌操作。

二、实验原理

土壤是微生物生活的大本营，无论是种类还是数量都很丰富，可以从其中分离得到很多有价值的菌株。在土壤中，不同种类的微生物杂居在一起，为了生产和科研的需要，需要从混杂的群体中分离出某些具有特殊功能的纯种微生物。

微生物实验室常用单菌落分离的方法从环境中分离细菌。细菌在固体培养基上生长形成的单个菌落，一般是由一个细胞繁殖而成的聚集体。因此，挑取单菌落可获得一种纯培养物。获得单个菌落的方法有稀释倾注平板法、稀释平板涂布法、平板划线法。但平板上的肉眼看到的单个菌落其实并不一定是纯培养物，需要多次划线分离纯化并结合显微镜检测其个体形态，并经过一系列特征鉴定才能得到纯化培养物。

微生物接种技术是微生物实验中常用的基本操作。接种是在无菌操作条件下，将某种微生物的纯种移接到新鲜培养基中的一种操作。最常用的接种方法有斜面接种、穿刺接种、液体接种等方法。

微生物的分离培养和接种等操作需要在无菌室或生物超净台等无菌环境中进行。由于本科教学实验时学生人数多，无法容纳太多实验者在无菌室等条件下做实验。通常在一般微生物实验室进行实验，实验前对实验室进行打扫卫生，清理桌面，用湿布擦净实验台；然后用75%酒精擦拭桌面，等自然晾干后，在酒精灯的火焰旁基本可以达到无菌条件。为避免因空气流动而带来污染，操作时关闭门窗，切忌聊天或随意走动。

三、实验器材

1. 仪器和器具

恒温培养箱，冰箱，电热干燥箱，电子天平，普通光学显微镜，管腔式电热杀菌装置，无菌培养皿，无菌试管，无菌涂布棒，接种环，接种针，酒精灯或本生灯，无菌小铲，无菌牛皮纸袋，75%酒精棉球，标签纸，记号笔，试管架，移液器，护目镜。

2. 菌源

选定土样采集地点，用无菌小铲将2～5cm的表层土铲去，然后取深度为5～10cm处的土样适量，放入无菌牛皮纸袋中。贴标签纸标注后带回实验室备用，土样采集后应及时进行细菌分离实验。

枯草杆菌斜面菌种3支。

3. 培养基和试剂

灭菌的牛肉膏蛋白胨琼脂培养基和斜面培养基，灭菌的牛肉膏蛋白胨半固体培养基，灭菌的牛肉膏蛋白胨液体培养基，灭菌的稀释水，无菌蒸馏水。

四、实验步骤

实验全程戴口罩、护目镜、手套。

（一）土壤稀释液的制备

将灭菌的锥形瓶（装有99mL蒸馏水）、试管（分别装有9mL蒸馏水）从高压蒸汽灭菌器取出，等温度降到室温。取四支试管（分别装有9mL蒸馏水），在试管上按10^{-3}、10^{-4}、10^{-5}、10^{-6}依次编号标记。

称取1.000g土样加入99mL的无菌锥形瓶中。在无菌操作条件下，摇匀（或用混合器）将土壤颗粒打散，成为10^{-2}的稀释液；从10^{-2}的稀释液中用无菌移液器取1mL加入9mL无菌试管水中，摇匀，为10^{-3}的稀释液，以此类推，稀释到10^{-6}。土样稀释和接种流程图如图5所示。

（二）平板分离培养

本实验采用两种平板分离培养法进行实验。

1. 稀释倾注平板法

（1）准备培养基

将灭菌的牛肉膏蛋白胨琼脂培养基从高压蒸汽灭菌器取出，或将灭菌后放冰箱冷藏保存的培养基取出加热融化。等温度降到50℃左右后放在恒温水浴锅上保温，备用。

（2）平板制作

取10套无菌培养皿编号标记：一套为空白对照；10^{-4}、10^{-5}、10^{-6}各3套。

① 加菌液：分别移取1mL稀释度为10^{-4}、10^{-5}、10^{-6}的土壤稀释液加入相应编号的无菌培养皿内。

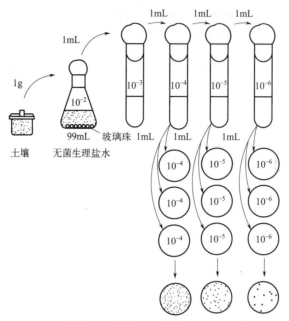

图 5　土样稀释和接种流程图

② 倒平板：将温度在 50℃ 左右的固体培养基，分别倒入已经加有不同稀释度的土壤稀释液的培养皿中（10～15mL，以铺满培养皿底为限），置水平位置立即轻轻旋动培养皿，使培养基和土壤稀释液充分混匀。

③ 空白对照：向一无菌培养皿中加 1mL 无菌蒸馏水，然后倒入 50℃ 左右的培养基，置水平位置立即轻轻旋动培养皿。

等冷凝后即成平板，倒置于 37℃ 恒温培养箱内培养 24～48h。

④ 结果观察：待长出菌落后，进行观察、分析实验结果。

2. 稀释平板涂布法

（1）准备培养基

将灭菌的牛肉膏蛋白胨琼脂培养基从高压蒸汽灭菌器取出，或将灭菌后放冰箱冷藏保存的培养基取出加热融化。等温度降到 50℃ 左右后放在恒温水浴锅上保温，备用。

（2）平板制作

取 10 套无菌培养皿编号标记：一套为空白对照；10^{-4}、10^{-5}、10^{-6} 各 3 套。

① 倒平板：将温度在 50℃ 左右的固体培养基，分别倒入 10 套培养皿（10～15mL，以铺满培养皿底为限），置于水平位置，冷凝后即成平板。

② 平板涂布：分别从 10^{-4}、10^{-5}、10^{-6} 土壤稀释液中移取 0.1mL 到相应编号平板上，立即用无菌涂布棒旋转涂布均匀。

先正置一段时间后再倒置，然后置于 37℃ 恒温培养箱内培养 24～48h。

③ 空白对照：取 0.1mL 无菌蒸馏水加到空白编号平板上，立即用无菌涂布棒旋转涂布均匀。

④ 结果观察：待长出菌落，观察、分析实验结果。

3. 菌落形态和个体形态观察

（1）菌落形态

辨认培养的细菌菌落并进行编号。描述各细菌菌落的特征（表面特征、纵剖面特征和边缘特征），并绘制菌落形态图。

（2）个体形态

通过简单染色观察细菌的个体形态。用无菌接种环分别挑取不同单菌落做涂片，进行简单染色并镜检，绘制其个体形态图。

（三）两种接种方法

接种前擦拭干净实验台，将所需物品有序地放在实验台上。

1. 斜面接种

（1）斜面准备

将实验四中制备的斜面培养基从冰箱中取出，擦去试管外的冷凝水，将试管贴上标签，标注接种信息。

（2）接种

点燃酒精灯或打开本生灯。

① 左手持试管：将一支斜面菌种和一支待接种的无菌斜面放在左手的食指、中指和无名指之间，将两试管底部放在手掌心，试管的斜面保持在水平状态，试管口齐平朝向火焰旁的无菌操作区域内。具体如图 6 所示。

② 灼烧接种环：右手取一支接种环，先将镍铬丝环扣在外火焰处灼烧至红热灭菌，再将可能伸入试管的部分通过火焰灼烧灭菌，然后将接种环置于火焰旁的无菌操作区域内。

③ 接种：右手小拇指和无名指与手掌先后夹住两试管的塞子，将其拔出。同时将开启的试管口快速通过火焰灭菌后将试管口停留在火焰旁的无菌操作区域内，保持斜面呈水平状态，试管口面朝向火焰附近。将灭过菌的接种环伸入菌种管中，先用接种环轻轻触碰试管壁降温；然后用接种环接触斜面菌种试管内无菌苔的培养基部位以检查其温度是否合适；再用接种环的前缘部位挑取少许菌苔，并转移到待接试管斜面，将接种环上的菌体划线接种于斜面培养基表面上。然后抽出接种环，同时将两支试管的试管口和塞子过一下火焰，然后把塞子塞到各自试管上。接种完毕，立即灼烧接种环以杀死其上残留的菌体。也可以将含菌接种环伸入管腔式电加热杀菌装置以杀灭接种环残留菌体。

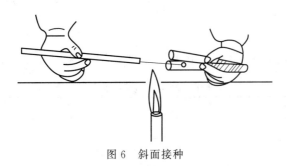

图 6　斜面接种

（3）培养观察

将接种后的试管置于试管架上，置于 37℃恒温培养箱内培养 24h，观察菌苔生长情况。

2. 穿刺接种

（1）准备

取出实验四中配制的半固体培养基，擦去试管外的冷凝水，将试管贴上标签，标注接种信息。

（2）接种

前期接种的准备过程与斜面接种时的相同。穿刺接种如图 7 所示。

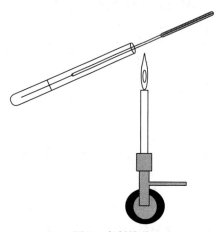

用无菌接种针从一菌种斜面挑取少量菌苔，立即刺入半固体培养基试管中，并沿接种针穿刺线方向迅速拔出接种针，然后将两试管口再次灼烧后塞上塞子。接种使用过的接种针需要在酒精灯火焰上进行灭菌。

（3）培养观察

将接种后的试管垂直置于试管架上，置于 37℃ 恒温培养箱内培养 24h，观察生长情况。

（四）培养物的后处理

1. 清洗

菌种若需要保留，可用无菌纸包装试管或锥形瓶的塞子一端后放在 4℃ 冰箱保存。

图 7　穿刺接种

将废弃的培养物连塞子进行高压蒸汽灭菌后再进行洗刷处理。

2. 清理实验台

实验结束后，对实验台进行消毒处理和清洁。整理台面，打扫、清理实验室的地面。

五、注意事项

1. 微生物的分离纯化及接种操作时，都要严格在无菌操作条件下进行。
2. 采用稀释平板涂布法进行分离纯化时，不能划破培养基。
3. 接种前核对待接试管标签上标注的菌名是否与菌种管的菌名一致，防止混淆。
4. 斜面接种时，切忌划破斜面培养基，划线不能超出斜面。

六、实验结果

1. 将从土壤中分离的几株细菌的菌落形态和个体形态特征记录于表 3。

表 3　土壤中分离细菌的菌落形态和个体形态

细菌菌株编号	菌落形态（描述）	个体形态（描述、绘图）

2. 将斜面接种培养后的情况记录于表 4。

表 4　斜面接种实验结果

菌名	划线状况(画图)	菌苔特征	有无污染

3. 将穿刺接种和液体接种情况记录于表 5。

表 5　穿刺接种和液体接种

菌名	穿刺接种(画图,说明运动情况)	液体接种(画图,判断与氧气关系)

七、思考题

1. 为防止斜面接种时被杂菌污染,在操作过程中应注意哪些问题?
2. 琼脂在固体培养基中有什么作用? 固体培养基中使用琼脂有何优点?
3. 从土壤中分离细菌时为什么要进行稀释?

实验六

水中细菌总数的测定

一、实验目的

1. 学习水样中细菌总数测定的方法。
2. 掌握平板菌落计数法。
3. 认知水中细菌数量对水质的影响、在饮用水监测中的重要性。

二、实验原理

水中细菌总数可以说明水体的水质状况和被微生物污染的程度，是反映有机污染程度的一个重要指标，也是一个卫生指标。细菌学检验是水质评估的重要指标之一。水中细菌总数与水体受有机污染的程度呈正相关，细菌菌落总数越大说明水体被污染得越严重。

细菌菌落总数是指将 1mL 水样加到新鲜无菌的营养琼脂培养基平板上，于 37℃ 条件下培养 24h 后所生长的细菌菌落总数（colony-forming units，CFU）。

生活饮用水中的细菌菌落总数不能超过 100CFU/mL。

水中细菌种类繁多，对生长条件的要求也各不相同，实际工作中很难找到适合所有细菌生长的同一种培养基和培养条件，所以本实验采用平板菌落计数法测定水中细菌总数所得的细菌菌落总数是一个近似值。

三、实验器材

1. 仪器和器具

恒温培养箱，高压蒸汽灭菌器，菌落计数器，微波炉，水样采样器，试管，无菌锥形瓶，无菌培养皿，移液器，酒精灯或本生灯，洁净载玻片。

2. 试剂

灭菌的牛肉膏蛋白胨琼脂培养基，无菌生理盐水。

四、实验步骤

1. 生活饮用水细菌总数测定

（1）水样的采集

将自来水水龙头擦拭干净，并用火焰灼烧水龙头约 3min 进行灭菌；再拧开水龙头流水 5～10min 后，采用无菌锥形瓶接取水样，并立即检测。

（2）准备培养基

将灭菌并保温至 50℃的牛肉膏蛋白胨琼脂培养基从高压蒸汽灭菌器取出，或将灭菌后放冰箱冷藏保存的培养基取出加热融化。等温度降到 50℃左右后置于恒温水浴锅上保温，备用。

（3）水样的稀释

将水样摇匀，在无菌操作条件下，用无菌移液器取 1mL 水样到装有 9mL 无菌生理盐水的试管中，混匀，为 10^{-1} 的稀释液；从 10^{-1} 的稀释液中用无菌移液器取 1mL 加入盛有 9mL 无菌生理盐水试管中，摇匀，为 10^{-2} 的稀释液。

（4）平板制作

取 10 套无菌培养皿编号标记：1 套为空白对照；10^{-0}、10^{-1}、10^{-2} 各 3 套。

① 加菌液：分别取 1mL 稀释度为 10^{-0}、10^{-1}、10^{-2} 的自来水稀释液加入相应编号的培养皿内。

② 倒平板：将温度在 50℃左右的培养基，分别倒入已经加有不同稀释度的自来水稀释液的培养皿中（10～15mL，以铺满培养皿底为限），置水平位置迅速轻轻旋动培养皿，使培养基和自来水稀释液充分混匀。

③ 空白对照：加 1mL 无菌生理盐水到无菌培养皿中，然后倒入 50℃左右的培养基，混匀。

等冷凝后即成平板，倒置于 37℃恒温培养箱内培养 24～48h。

④ 结果观察：待长出菌落，取在平板上有 30～300 个菌落的平板进行计数，分析实验结果。

2. 河水细菌总数测定

（1）水样的采集

采用水样采样器进行采集，将采样器坠入所需深度，拉起瓶盖绳可打开瓶盖开始采样，水样取够后松开瓶盖绳自行盖好瓶口，停止采样，取出采样瓶后立即送回实验室检测。

（2）准备培养基

将灭菌并保温的牛肉膏蛋白胨琼脂培养基从高压蒸汽灭菌器取出，或将灭菌后放冰箱冷藏保存的培养基取出加热融化。等温度降到 50℃左右后置于恒温水浴锅上保温，备用。

（3）水样的稀释

将水样摇匀，在无菌操作条件下，用无菌移液器取 1mL 水样到装有 9mL 无菌生理盐水的试管中，混匀，为 10^{-1} 的稀释液；从 10^{-1} 的稀释液中用无菌移液器取 1mL 加入装有 9mL 无菌生理盐水的试管中，摇匀，为 10^{-2} 的稀释液，以此类推，稀释到 10^{-6}。

（4）平板制作

取 10 套无菌培养皿编号标记：1 套为空白对照；10^{-4}、10^{-5}、10^{-6} 各 3 套。

① 加菌液：分别取 1mL 稀释度为 10^{-4}、10^{-5}、10^{-6} 的自来水稀释液加入相应编号的无菌培养皿内。

② 倒平板：将温度在 50℃左右的培养基，分别倒入已经加有不同稀释度的水样稀释液的培养皿中（10～15mL，以铺满培养皿底为限），置水平位置迅速轻轻旋动培养皿，使培养基和水样稀释液充分混匀。

③ 空白对照：向无菌培养皿中加 1mL 无菌生理盐水，然后倒入 50℃左右的培养基，混匀。

等冷凝后即成平板，倒置于 37℃恒温培养箱内培养 24～48h。

④ 结果观察：待长出菌落，取在平板上有 30～300 个菌落的平板进行计数，分析实验结果。

五、注意事项

1. 整个实验在无菌操作条件下进行，防止污染。

2. 将水样稀释时，移液枪头不可混用。

3. 水样采集后，应快速送回实验室检测。来不及及时测定时需放在 4℃冰箱中保存，当无低温保存条件时，需要在报告中注明水样采集和测定的间隔时间。

六、实验结果

进行平板菌落计数时，可以用肉眼观察直接计数，也可用菌落计数器计数。

记录同一浓度水样的三个平板菌落数，取平均值，记入表 6 进行分析。

表 6 稀释度选择和菌落总数报告

例次	不同稀释度的平均菌落数/（CFU/皿）			两个稀释度菌落数之比	菌落总数/（CFU/mL）	报告方式/（CFU/mL）
	10^{-0}（原水）	10^{-1}	10^{-2}			
自来水 1						
自来水 2						
例次	不同稀释度的平均菌落数/（CFU/皿）			两个稀释度菌落数之比	菌落总数/（CFU/mL）	报告方式/（CFU/mL）
	10^{-4}	10^{-5}	10^{-6}			
河水 1						
河水 2						

选择平均菌落数在 30～300CFU/皿之间者进行计数。如果平板上有较大片状菌落生长，则说明没有涂匀，故不宜采用。

（1）若只有一个稀释度的平均菌落数符合 30～300CFU/皿范围时，则将该平均菌落数乘以相应稀释倍数记入报告。

（2）若有两个稀释度平板上生长的菌落平均数都在 30～300CFU/皿，则需要根据两者菌落数之比值来决定：当其比值小于 2，则以两者的平均数进行报告；当其比值大于等于 2，则取其中稀释度较小的菌落总数记入报告。

（3）若所有稀释度的平均菌落数均大于 300CFU/皿，则应按稀释度最高的平均菌落数乘以相应稀释倍数记入报告。

（4）若所有稀释度的平均菌落数均小于 30CFU/皿，则应按稀释度最低的平均菌落数乘以相应稀释倍数记入报告。

（5）若所有稀释度的平均菌落数均不在 30～300CFU/皿时，以最接近 30CFU/皿或 300CFU/皿的平均菌落数乘以相应稀释倍数记入报告。

七、思考题

1. 分析自来水中细菌总数的实验结果，该自来水是否符合生活饮用水的标准？
2. 本实验中所取的河水污染程度如何？属于哪一类水？
3. 测定水中细菌菌落总数有什么实际意义？有什么指示作用？

实验七

细菌生长曲线的测定

一、实验目的

1. 了解细菌生长曲线的特点及测定原理。
2. 学习用比浊法测量细菌数量的方法，绘制细菌生长曲线。

二、实验原理

生长曲线表示微生物体生长时其数量与生长时间关系的曲线。

将少量的细菌接种到一定体积已灭菌的新鲜液体培养基中，在适宜的生长条件下培养。每隔一定时间取样，测定样品培养液中的细菌数量，以细菌增长数目的对数作纵坐标，以培养时间作横坐标，绘制得到细菌的生长曲线。生长曲线可分为四个阶段：停滞期、对数期、静止期和衰亡期。测定一定培养条件下的细菌的生长曲线对科研和实际生产有一定的指导意义。了解细菌生长繁殖规律，对有效地利用或控制细菌的生长具有重要意义。

比浊法是根据培养液中细菌数量与混浊度成正比、与透光度成反比的关系，利用分光光度计测定细菌悬液的光密度值（OD值），其OD值可以表示细菌的相对数量，然后以培养时间为横坐标，以细菌悬液的OD值为纵坐标，绘制出细菌生长曲线。该方法操作简便、省时、可重复性高。

三、实验材料

1. 仪器和器具

紫外可见分光光度计，高压蒸汽灭菌器，冰箱，恒温摇床培养箱，移液器，试管，锥形瓶。

2. 菌种

大肠杆菌斜面菌种一支。

3. 培养基

灭菌牛肉膏蛋白胨液体培养基，灭菌牛肉膏蛋白胨琼脂培养基。

四、实验步骤

1. 菌种培养

取大肠杆菌斜面菌种一支，以无菌操作挑取 1 环菌苔，接入装有 100mL 灭菌牛肉膏蛋白胨液体培养基的锥形瓶中，于 37℃ 恒温摇床培养箱中培养 16h，为大肠杆菌培养液。备用。

2. 试管标记

取 11 支无菌试管，分别标记 0h、1.5h、3h、4h、6h、8h、10h、12h、14h、16h、18h。

3. 接种

无菌操作条件下，移取 5mL 大肠杆菌培养液到盛有 100mL 灭菌牛肉膏蛋白胨液体培养基的锥形瓶中，混合均匀。分别移取 5mL 混合液到上述标记的 11 支无菌试管中。

4. 培养

将上述接种后的所有试管置于恒温摇床培养箱（振荡频率为 250r/min）中，于 37℃ 培养。在培养了 0h、1.5h、3h、4h、6h、8h、10h、12h、14h、16h、18h 后，分别将相对应培养时间的试管取出，立即贮存在 4℃ 冰箱中，待测定。

5. 比浊测定

（1）打开紫外可见分光光度计电源，预热 20min，选用波长为 600nm。

（2）以未接种的新鲜灭菌牛肉膏蛋白胨液体培养基作空白对照进行零点调整。

（3）按培养时间顺序，测定各试管中大肠杆菌培养液的 OD_{600} 值，对菌液浓度大的可进行适当稀释后再测其 OD_{600} 值。

（4）记录 OD_{600} 值后，将比色杯中的菌液倾入一废液收集容器，用蒸馏水冲洗比色杯后的冲洗水也收集于该容器，并需要进行灭菌处理。

6. 绘制生长曲线

以培养时间为横坐标，考虑了稀释倍数后的 OD_{600} 值为纵坐标，绘制大肠杆菌生长曲线。

五、注意事项

1. 测定培养液的 OD_{600} 值前，必须摇匀后再加入比色杯。

2. 菌液太浓时需作适当稀释后再测其 OD_{600} 值。

3. 每次测定 OD_{600} 值后，必须水洗比色杯并再用 75% 乙醇冲洗，水洗后收集的冲洗水需要灭菌。

4. 比色时要用未接种的新鲜灭菌牛肉膏蛋白胨液体培养基作空白对照进行零点调整。

5. 每隔一定时间取出的试管，应立即贮存在 4℃ 冰箱中。

六、实验结果

1. 实验结果记录。将不同培养时间时培养液的 OD_{600} 值记录于表 7。

表 7　不同培养时间时培养液的 OD_{600} 值

时间/h	0	1.5	3	4	6	8	10	12	14	16	18
OD_{600}											

2. 根据比浊法测定数据绘制大肠杆菌的生长曲线。

七、思考题

1. 若同时用平板计数法测定，所绘出的生长曲线与用比浊法测定所绘出的生长曲线有何差异？请说明原因。

2. 测定浊度时为什么要用未接种的新鲜灭菌牛肉膏蛋白胨液体培养基作空白对照进行零点调整而不是以无菌蒸馏水作空白？

3. 细菌在生长周期的哪个阶段的代时最短？在细菌生长曲线的四个时期中，次生代谢产物是在哪个时期大量积累？

实验八

紫外线和氧气对微生物生长的影响

一、实验目的

1. 了解紫外线对微生物生长的影响。
2. 了解氧气对不同微生物生长的影响。
3. 分析紫外线和氧气对微生物生长的影响。

二、实验原理

环境因素包括物理因素、化学因素和生物因素，对不同微生物的生长、代谢过程会产生不同的影响。通过控制环境因素，可以促进有益微生物的生长，抑制或杀死有害微生物。

紫外辐射对微生物有致死作用，主要是因为微生物细胞中的核酸、嘌呤、嘧啶及蛋白质对紫外辐射有特别强的吸收能力。微生物在紫外辐射作用下，会引起其DNA链上两个临近的胸腺嘧啶形成胸腺嘧啶二聚体，使DNA不能复制从而导致微生物死亡。但紫外辐射的穿透力差，玻璃、纸片等不透明物就能阻止紫外线。所以紫外辐射多用于对空气和物体表面的消毒。

不同微生物对氧气的需求不同。兼性好氧菌既能在无氧条件下生存也可以在有氧条件下生存，好氧菌在有氧条件下才能生长，而厌氧菌需要在无氧条件下才能生存。将不同细菌分别穿刺接种到半固体培养基试管中，经一段时间培养后，好氧菌在半固体培养基的表面、穿刺线的上部生长；厌氧菌生长在半固体培养基穿刺线的下部；而兼性好氧菌可以沿着穿刺线自上而下都生长。

三、实验材料

1. 仪器和器具

恒温培养箱，紫外线灯，无菌黑纸，无菌培养皿，无菌镊子，接种针，接种环，无菌试管。

2. 菌种

大肠杆菌、枯草芽孢杆菌、丙酮丁醇梭菌、金黄色葡萄球菌的 18～20h 培养物。

3. 培养基

牛肉膏蛋白胨固体培养基，牛肉膏蛋白胨半固体培养基，丙酮丁醇梭菌半固体培养基。

四、实验步骤

1. 紫外辐射对微生物的影响

（1）固体培养基配制

配制牛肉膏蛋白胨固体培养基 200mL，灭菌（121℃，20min），备用。

（2）倒平板

灭菌后的牛肉膏蛋白胨固体培养基，等温度降为 50℃左右时，向每个无菌培养皿中分别倒 10～15mL，凝固。在培养皿的底部分别标记大肠杆菌、枯草芽孢杆菌、金黄色葡萄球菌各 4 套（其中 2 套平板标记 1min，另 2 套平板标记 15min）。

（3）接种

分别用无菌移液器吸取培养 18～20h 后的大肠杆菌、枯草芽孢杆菌、金黄色葡萄球菌菌液 0.1mL，加在相应的已经凝固的平板上，立即用无菌涂布棒涂布均匀，并分别用无菌黑纸遮盖部分平板。

（4）紫外辐射

首先打开紫外线灯进行预热 15min。

等平板上的菌液被固体培养基吸收后，将 12 套平板置于紫外线灯下，距离紫外线灯 30cm。打开皿盖，其中 6 套（大肠杆菌、枯草芽孢杆菌、金黄色葡萄球菌各 2 套）经紫外照射 1min 后停止紫外辐射，揭去遮盖的黑纸并盖上皿盖，然后用黑布包裹平皿，倒置于 37℃恒温培养箱中培养 24h。另 6 套（大肠杆菌、枯草芽孢杆菌、金黄色葡萄球菌各 2 套）经紫外照射 15min 后，揭去遮盖的黑纸并盖上皿盖，然后用黑布包裹平皿，倒置于 37℃恒温培养箱中培养 24h。

（5）观察

培养 24h 后，取出平板，观察大肠杆菌、枯草芽孢杆菌、金黄色葡萄球菌经紫外辐射不同时间后在平板上的生长情况，对比观察紫外辐射时覆盖有黑纸平板部分的不同细菌生长情况。将实验结果记录于表 8，对比不同细菌对紫外线的抵抗能力。

2. 氧对微生物生长的影响

（1）配制半固体培养基

配制牛肉膏蛋白胨半固体培养基 100mL，取适量分装在 5 支试管中；配制丙酮丁醇梭菌半固体培养基 100mL，取适量分装在 3 支试管中。每支试管中半固体培养基的量不少于 10mL，半固体培养基的高度不超过试管高度的一半。灭菌（121℃，20min），备用。

（2）标记

取出灭菌的半固体培养基试管，直立置于试管架上在室温冷却凝固。标注菌名和日期，装有牛肉膏蛋白胨半固体培养基的试管，标注大肠杆菌 2 支、枯草芽孢杆菌 2 支、空白 1 支；装有丙酮丁醇梭菌半固体培养基的试管，标注丙酮丁醇梭菌 2 支、空白 1 支。

（3）穿刺接种

在无菌操作条件下，用穿刺接种法，分别接种大肠杆菌、枯草芽孢杆菌、丙酮丁醇梭菌各 2 支。

（4）培养后观察

将接种后的试管垂直置于试管架上，置于 37℃恒温培养箱中，培养 48h。

观察穿刺接种有大肠杆菌、枯草芽孢杆菌、丙酮丁醇梭菌的试管中细菌生长的位置，判断不同细菌与氧的关系。将结果记录于表 9，并作分析说明。

五、注意事项

1. 紫外辐射实验，应该在无菌环境下操作，用来覆盖平板的黑纸应提前灭菌，实验后的黑纸不能随意丢弃，需要进行灭菌处理。

2. 穿刺接种时，接种针不能穿透到半固体培养基的底部。

六、实验结果

1. 紫外辐射实验结果记录。将紫外辐射对微生物的影响记录于表 8。

表 8 紫外辐射对微生物的影响

项目	大肠杆菌	枯草芽孢杆菌	金黄色葡萄球菌
紫外辐射 1min 平板			
紫外辐射 15min 平板			

将氧对微生物的影响记录于表 9。

表 9 氧对微生物的影响

项目	大肠杆菌	枯草芽孢杆菌	丙酮丁醇梭菌
试管中的生长情况（绘图）			
分析与氧的关系			

2. 说明紫外辐射对大肠杆菌、枯草芽孢杆菌、金黄色葡萄球菌的影响。对比分析紫外辐射剂量对杀菌的影响。

3. 分析氧对大肠杆菌、枯草芽孢杆菌、丙酮丁醇梭菌的影响。

七、思考题

1. 不同细菌经紫外辐射一定时间后，在培养时为啥用无菌黑布包裹？

2. 专性厌氧微生物为什么在有氧条件下不能生长？

3. 举例说明人们在生活、生产中利用环境因素抑制微生物生长的方法。

实验九

微生物传感器测定水体BOD值

一、实验目的

1. 了解微生物传感器测定水中 BOD 值的原理。
2. 学习微生物传感器测定水中 BOD 值的方法。

二、实验原理

生化需氧量（biochemical oxygen demand，BOD）是反映水中有机化合物等需氧物质含量的一个综合指标。作为一项环境监测指标，BOD 指可生化降解的有机物在微生物作用下所消耗的溶解氧的量。污水中各种有机物得到完全氧化分解约需一百天。为了缩短检测时间，一般生化需氧量是以水样在 20℃下、五天内的耗氧量为代表，称其为五日生化需氧量，简称 BOD_5。对生活污水来说，BOD_5 约等于完全氧化分解耗氧量的 70%。

由于 BOD_5 所需测定时间较长，不能迅速反映水样污染状况。为了能及时监测水质污染程度，近年来人们开发了多种快速测定 BOD 的方法，其中采用微生物传感器测定水质 BOD 值是最具有代表性的一种方法。

微生物传感器是由氧电极和固定化微生物菌膜组成的，可检测微生物在降解有机物时引起的氧浓度的变化。其原理是当含有饱和溶解氧的样品进入流通池中与微生物传感器接触时，样品中溶解性可生化降解的有机物在微生物菌膜中菌种的作用下被降解，同时消耗一定量的氧使固定化微生物菌膜周围的氧分压下降，从而氧电极输出电流的强度发生改变。电流强度随 BOD 浓度变化而变化，在一定范围内呈线性关系，据此可换算出样品的生化需氧量。

本方法可大大缩短样品测定所需时间，适用于水中不含对微生物对明显毒害作用时的地表水、生活污水和部分工业废水 BOD 的测定。

三、实验材料

1. 仪器和器具

微生物传感器 BOD 快速测定仪，微生物菌膜，10L 聚乙烯塑料桶。

2. 试剂

（1）0.5mol/L 磷酸盐缓冲溶液

称取 68g 磷酸二氢钾（KH_2PO_4）和 134g 磷酸氢二钠（$Na_2HPO_4 \cdot 7H_2O$），溶于蒸馏水中，定容至 1000mL，备用。此溶液的 pH 约为 7。蒸馏水使用前应煮沸 2~5min，放置室温后使用。

（2）0.005mol/L 磷酸盐缓冲使用液

将 0.5mol/L 的磷酸盐缓冲溶液稀释 100 倍。此溶液不稳定，临用前再配制。其主要作用是作为缓冲溶液调节样品的 pH，清洗和维持微生物传感器使其正常工作，并具有沉降重金属离子的作用。

（3）葡萄糖-谷氨酸标准溶液

将无水葡萄糖和谷氨酸在 103℃ 下干燥 1h，冷却。分别称取 1.705g 无水葡萄糖和 1.705g 谷氨酸，将两者溶于磷酸盐缓冲使用液（0.005mol/L）中，并将此溶液稀释至 1000mL，混匀后即得 BOD 值为 2500mg/L 的标准溶液。

（4）葡萄糖-谷氨酸标准使用溶液

临用前配制。取 10.00mL 葡萄糖-谷氨酸标准溶液置于 250mL 容量瓶中，用 0.005mol/L 磷酸盐缓冲使用液定容至标线，摇匀，此溶液的 BOD 值为 100mg/L。

（5）0.5mol/L 盐酸（HCl）溶液

用 10mL 量筒移取 4.17mL 浓盐酸加入 100mL 容量瓶中，缓慢加入蒸馏水至刻度线，摇匀。

（6）20g/L 氢氧化钠（NaOH）溶液

称取 4g 氢氧化钠于烧杯中，加少量蒸馏水将其溶解，然后将配制的溶液移入 200mL 的容量瓶中，加蒸馏水至刻度线，摇匀。

（7）1.575g/L 亚硫酸钠（Na_2SO_3）溶液

此溶液不稳定，临用前配制。

四、实验步骤

1. 样品的预处理

如果样品的 pH 不在 4~10 范围内，用 0.5mol/L 盐酸溶液或 20g/L 氢氧化钠溶液，将样品的 pH 调至 7 左右。

测试样品的准备：①将样品放置至室温；②地表水样品可不用稀释直接测定，特殊情况除外；③生活污水和工业废水可根据经验或预期 BOD 值确定稀释倍数。

2. 活化微生物菌膜

将微生物菌膜放入 0.005mol/L 磷酸盐缓冲使用液中浸泡 48h 以上，然后将其安装在微生物传感器上。

3. 测定步骤

（1）开启仪器，用 0.005mol/L 磷酸盐缓冲使用液清洗微生物传感器至电位 E_0（或电流 I_0）稳定。预热 20min，保持恒速搅拌，水浴温度控制在（28±0.5)℃。

（2）工作曲线绘制。

① 取五支 50mL 无菌具塞比色管，分别加入葡萄糖-谷氨酸标准使用溶液（0.005mol/L）1.50mL、3.50mL、7.50mL、12.50mL、25.00mL。用磷酸盐缓冲使用液（0.005mol/L）将每支具塞比色管稀释至标线，摇匀。

② 进样，分别测定各比色管中电位 E 与电位 E_0（或电流 I 与电流 I_0）的差值，此差值与 BOD 浓度成比例。

③ 分别用 5 个不同标准溶液浓度对应电位差 ΔE（或电流 ΔI）绘制工作曲线。

4. 样品的测定

取 50mL 经过预处理后的样品，向其中加入 0.5mL 磷酸盐缓冲溶液，摇匀后进行测定电位差 ΔE。然后由工作曲线查得该水样的 BOD 值，单位为 mg/L。

五、注意事项

1. 实验中使用的玻璃仪器及塑料容器要认真清洗干净，容器壁上不能附有毒物或生物可降解的化合物，操作中应防止污染。

2. 微生物菌膜内的菌种应均匀，膜内的菌种也应尽可能一致。微生物菌膜的连续使用寿命应大于 30d。

3. 微生物电极的反应性能需要稳定的温度条件，因此要求在实验过程中有一稳定的温场，该装置在仪器中被称为恒温控制装置。

4. 样品采集后如果不能在 2h 内进行分析测定，则应先保存在 0~4℃冰箱中，并在 6h 内进行分析测定；如果不能在 6h 内分析测定，则应将贮存时间和温度与分析结果一起写入报告中。无论在任何条件下，贮存时间都不能超过 24h。

5. 单个样品的进样量不应小于 10mL。

6. 当样品中含有游离氯或结合氯时，可加入浓度为 1.575g/L 的亚硫酸钠溶液使样品中游离氯或结合氯失效，但不能过量添加。

六、实验结果

1. 绘制标准曲线。
2. 确定所测水样的 BOD 值。

七、思考题

1. 水体 BOD 值的测定方法有哪些？各有什么优缺点？
2. 对于受污染地表水的监测，通过测定其 BOD_5 来表示水体污染状况有什么优缺点？

实验十

水体富营养化程度的评价

一、实验目的

1. 掌握叶绿素 a 的测定原理和方法。
2. 理解水体富营养化评价体系和指标。
3. 能够通过测定水体中叶绿素 a 含量，初步判断水体富营养化的程度。

二、实验原理

水体富营养化是指水体中 N、P 等营养盐含量过多而引起水质污染的现象，引起藻类及其他浮游生物迅速繁殖，使水体中溶解氧量下降，水质恶化，进而引起鱼类及其他生物大量死亡。通常表示富营养化的指标有：水体中氮含量超过 $0.2 \sim 0.3 \mathrm{mg/L}$，磷含量大于 $0.01 \sim 0.02 \mathrm{mg/L}$，pH 为 $7 \sim 9$ 的淡水中细菌总数每毫升超过 10 万个，表征藻类数量的叶绿素 a 含量大于 $10 \mu\mathrm{g/L}$。

叶绿素 a 存在于所有浮游藻类中，其含量占浮游藻类有机质干重的 $1\% \sim 2\%$，是估算藻类生物量的重要指标，能准确反映水体富营养化程度。

叶绿素 a 的含量小于 $4 \mu\mathrm{g/L}$ 时，水体属于贫营养型；叶绿素 a 的含量大于 $4 \mu\mathrm{g/L}$ 而小于 $10 \mu\mathrm{g/L}$ 时，水体属于中营养型；叶绿素 a 的含量大于 $10 \mu\mathrm{g/L}$ 时，水体属于富营养型。

三、实验器材

1. 仪器和器具

紫外可见分光光度计，台式离心机（$\geqslant 3500 \mathrm{r/min}$），电子天平，吸水纸，量筒，无菌培养皿，冰箱，真空泵，匀浆器或小研钵，蔡氏过滤器，具塞离心管（15mL 具刻度），滤膜（$0.45 \mu\mathrm{m}$，直径 47mm），比色皿（宽度 1cm 或 4cm）。

2. 试剂

体积分数为 90% 的丙酮溶液。

$MgCO_3$ 悬浊液：1g $MgCO_3$ 细粉悬于 100mL 蒸馏水中。

3. 水样

两种不同污染程度的湖水水样各 2L，池塘水样 1L，水库水样 1L。

四、实验步骤

1. 清洗玻璃仪器

实验中所用到的所有玻璃器皿都需提前用洗涤剂清洗干净，并依次用自来水、蒸馏水冲洗，尤其应避免酸性条件，以免引起叶绿素 a 分解，从而影响实验结果。

2. 水样过滤

找两种不同污染程度的湖水，分别采样 2L。采集池塘水 1L，采集水库水 1L。

在无菌蔡氏过滤器上装好无菌滤膜，分别取水样，进行减压过滤。过滤时，待水样还剩余几毫升之前加 0.2mL 的 $MgCO_3$ 悬浊液于滤膜上，摇匀继续过滤至抽干水样。及时将滤膜上的藻体进行提取；当不能马上进行提取处理时，应将其置于干燥器内放暗处于 4℃ 保存，但放置时长最长不能超过 48h。

3. 提取

将滤膜上的藻体置于匀浆器（或小研钵）内，加 2～3mL 体积分数为 90% 的丙酮溶液，进行匀浆处理，破碎藻细胞。然后将匀浆液移入一有刻度的无菌离心管中，再用 3mL 的 90% 丙酮冲洗 2 次并将冲洗液移入该离心管，最后向离心管中补加体积分数为 90% 的丙酮溶液，使离心管中液体总体积为 10mL。塞紧塞子后在离心管外部罩上遮光物，充分振荡，然后置于 4℃ 冰箱内避光提取 18～24h。

4. 离心

提取完毕后，置离心管于台式离心机（3500r/min）中离心 10min。然后将上清液移入另一刻度离心管中，塞上塞子，再次离心（3500r/min）10min。准确记录提取液的体积。

5. 光密度测定

用移液器将提取液移入 1cm 比色杯中，以体积分数为 90% 的丙酮溶液为空白对照。分别在 750nm、663nm、645nm 和 630nm 波长处测定提取液的光密度。需要控制提取液的 OD_{663} 在 0.2～1.0 范围内，否则应调换比色杯，或改变过滤水样量。如果其 OD_{663} 小于 0.2，则改用 4cm 的比色杯或增加水样量；如果其 OD_{663} 大于 1.0，则可稀释提取液或减少水样量，使用 1cm 的比色杯。

6. 叶绿素 a 浓度的计算

（1）样品提取液中的叶绿素 a 浓度（μg/L）

$$\rho_{a提取液} = 11.64(OD_{663} - OD_{750}) - 2.16(OD_{645} - OD_{750}) + 0.1(OD_{630} - OD_{750})$$

（2）水样中的叶绿素 a 浓度

$$\rho_{a水样} = \frac{\rho_{a提取液} V_{90\%丙酮}}{V_{水样} B}$$

式中　$\rho_{a提取液}$——样品提取液中叶绿素 a 浓度，μg/L；

$\rho_{a水样}$——水样中叶绿素 a 浓度，$\mu g/L$；

$V_{90\%丙酮}$——体积分数为 90% 的丙酮溶液体积，mL；

$V_{水样}$——过滤水样体积，mL；

B——比色皿宽度，cm。

五、注意事项

1. 丙酮有毒，对人体健康有危害，所以做实验时注意防护。丙酮废液需要回收至特定废液缸，由实验室相关人员专门负责处理。

2. 叶绿素在酸性和有光条件下会分解，所以需要提前将实验中用到的器具清洗干净避免酸污染，并避光进行实验。

六、实验结果

将每个水样的提取液在不同波长下的光密度测定结果记录于表 10，并判断富营养化类型。

表 10　不同水样在不同波长处的光密度和富营养化类型

水样	OD_{750}	OD_{663}	OD_{645}	OD_{630}	$\rho_{a提取液}$ /($\mu g/L$)	$\rho_{a水样}$ /($\mu g/L$)	富营养化类型
1 号湖水							
2 号湖水							
池塘水							
水库水							

七、思考题

1. 如何确保水体中叶绿素 a 含量测定的准确性？需要注意哪些事项？

2. 叶绿素 a、叶绿素 b 在蓝光区也有吸收峰，可否通过测定其在蓝光区的光密度进行定量分析？请分析原因。

3. 测定不同水体的叶绿素 a 浓度时，为什么采用不同体积的过滤水样？

4. 在过滤水样时，加 $MgCO_3$ 悬浊液的作用是什么？

实验十一

活性污泥脱氢酶活性的测定

一、实验目的

1. 掌握活性污泥脱氢酶活性测定的原理及方法。
2. 认识污水生物处理中测定活性污泥脱氢酶活性的意义。

二、实验原理

污水生物处理过程中，有机污染物的生物降解本质上是在一系列酶的催化作用下的生物氧化还原反应。其中脱氢酶占有重要的地位，脱氢酶能使有机物的氢原子活化并传递给特定的受氢体，使有机物发生氧化和转化。脱氢酶的活性可以反映污水生物处理系统中活性微生物数量和对有机物的降解活性，并可以评价其降解性能。

测定脱氢酶活性常用的方法为 2,3,5-三苯基氯化四氮唑（TTC）比色法。利用 TTC 作为受氢体，TTC 氧化态（无色）接受脱氢酶活化的氢而被还原时，生成的三苯基甲臜（TF）具有稳定的颜色（红色）。根据红色的深浅测定其光密度，并计算 TF 的生成量，求出脱氢酶的活性。

三、实验器材

1. 仪器和器具

紫外可见分光光度计，恒温水浴锅，离心机，电子天平，离心管，移液器，具塞锥形瓶，比色管，烧杯，50mL 容量瓶。

2. 试剂

2,3,5-三苯基氯化四氮唑（TTC），三羟甲基氨基甲烷（分析纯），1.0mol/L 的 HCl，丙酮（分析纯），连二亚硫酸钠（分析纯），浓硫酸，无菌 0.85% 生理盐水，无菌蒸馏水，无氧水（0.36%亚硫酸钠溶液，分析纯），丙酮。

Tris-HCl 缓冲液（0.05mol/L）：称取 6.037g 分析纯三羟甲基氨基甲烷，加 1.0mol/L 的 HCl 20mL，溶于 1L 蒸馏水中，pH 为 8.4。

活性污泥悬液。

四、实验步骤

1. 标准曲线的绘制

（1）配制 1mg/mL TTC 母液：准确称取 50.0mg 的 TTC 置于洁净小烧杯中，加少量无菌蒸馏水使其溶解，定量移取到 50mL 容量瓶中，加无菌蒸馏水定容。TTC 母液浓度为 1mg/mL。保质期为 1 周。

（2）配制不同浓度的 TTC 溶液：取六个洁净的 50mL 容量瓶，并标记编号 1～6 号。分别吸取 1mL、2mL、3mL、4mL、5mL、6mL 的 TTC 母液（1mg/mL）加到六个相应编号的 50mL 容量瓶中，每个容量瓶以无菌蒸馏水定容，各容量瓶中 TTC 的浓度依次为 $20\mu g/mL$、$40\mu g/mL$、$60\mu g/mL$、$80\mu g/mL$、$100\mu g/mL$、$120\mu g/mL$。

（3）取六支具塞离心管，标记编号为 1～6 号。向每支离心管中分别加入 2mL 的 Tris-HCl 缓冲液、2mL 无菌蒸馏水、1mL 相应编号的 TTC 溶液。每支离心管中 TTC 含量分别为 $20\mu g$、$40\mu g$、$60\mu g$、$80\mu g$、$100\mu g$、$120\mu g$。再取一支具塞离心管为对照管，加入 2mL 的 Tris-HCl 缓冲液和 3mL 无菌蒸馏水，不加入 TTC。

（4）向每支离心管中分别加入少许（十几粒）的连二亚硫酸钠（$Na_2S_2O_4$），混合，使离心管中的 TTC 全部还原，生成红色的 TF。

（5）向每支离心管加入一滴浓硫酸终止反应，摇匀。在各离心管中分别加入 5mL 丙酮充分摇匀，于 37℃ 水浴保温 10min。然后离心 10min（4000r/min）。

（6）提前预热紫外可见分光光度计，在 485nm 波长处测定各离心管上清液的光密度（OD）。以 TTC 值为横坐标，OD 值为纵坐标，绘制标准曲线。

2. 活性污泥的脱氢酶活性测定

（1）制备活性污泥悬液：取 50mL 活性污泥混合液（浓度为 2～4g/L），离心后弃去上清液。用无菌生理盐水洗涤污泥部分，再次离心并弃去上清液。如此反复 3 次后，以无菌生理盐水稀释至 50mL 混合，制备成活性污泥悬液，备用。

（2）取 4 个 40mL 的具塞离心管，其中三支（平行样品管）标记为 1、2、3 号，另一支标记为对照管。向 1、2、3 号离心管中分别加入 0.5mL 的无氧水（0.36%亚硫酸钠溶液）、2.0mL 的 Tris-HCl 缓冲液、2.0mL 的污泥悬液、0.5mL 的 TTC 溶液（1mg/mL）；对照管中不加 TTC 溶液，而是加入 0.5mL 的无氧水（0.36%亚硫酸钠溶液）、2.0mL 的 Tris-HCl 缓冲液、2.0mL 的污泥悬液和 0.5mL 的无菌蒸馏水，在对照管加入一滴浓硫酸。每支离心管中液体体积为 5mL。

（3）摇匀各离心管，置于 37℃ 恒温培养箱中避光反应，反应所需时间根据显色情况而定，一般采用 10min。

（4）反应结束后，向每支离心管加入一滴浓硫酸终止反应。

（5）分别向每支离心管中加入 5mL 的丙酮，充分摇匀，于 37℃ 水浴保温 10min。然后离心 10min（4000r/min）。

离心后，分别取离心管的上清液，在 485nm 波长下测定其光密度。如果光密度高于

0.8，则用丙酮稀释后再测定光密度。

（6）根据标准曲线，查出相应的 TTC 值，并计算脱氢酶的活性。

将样品管的 OD 值（平均值）减去对照组 OD 值，在标准曲线上查出相应的 TTC 值，用下式计算样品的脱氢酶活性：

$$C = T \times t \times n$$

式中　C——样品脱氢酶活性，$\mu g/(mL \cdot h)$；

　　　T——标准曲线上的读数，μg；

　　　t——反应时间的校正系数 [60min/实际反应时间（min）]；

　　　n——比色时的稀释倍数。

五、注意事项

1. 所有操作应在避光条件下进行。
2. 脱氢酶最适宜的反应条件：温度为 30～37℃，pH 为 7.4～8.5。

六、实验结果

1. 绘制标准曲线。
2. 计算本实验中活性污泥的脱氢酶活性。

七、思考题

1. 通过测定不同工业废水中脱氢酶活性，为什么可以评价工业废水的毒性和生物可降解性？
2. 进行脱氢酶活性测定时为什么要避光进行？

参 考 文 献

[1]　龙建友，阎佳. 环境工程微生物实验教程. 北京：北京理工大学出版社，2019.

[2]　边才苗. 环境工程微生物学实验. 杭州：浙江大学出版社，2019.

[3]　王国惠. 环境工程微生物学实验. 北京：化学工业出版社，2011.

[4]　周群英，王士芬. 环境工程微生物学. 第4版. 北京：高等教育出版社，2015.

[5]　苑宝玲，李云琴. 环境工程微生物学实验. 北京：化学工业出版社，2006.

[6]　王英明，徐德强. 环境微生物学实验教程. 北京：高等教育出版社，2019.

[7]　徐德强，王英明，周德庆. 微生物学实验教程. 第4版. 北京：高等教育出版社，2019.

[8]　陈峥宏，王涛. 微生物学实验教程. 第3版. 北京：科学出版社，2022.

[9]　张小凡，袁海平. 环境微生物学实验. 北京：化学工业出版社，2021.

[10]　沈萍，陈向东. 微生物学实验. 第5版. 北京：高等教育出版社，2018.

第五篇
环境监测实验

实验一

土壤有机碳的测定（重铬酸钾氧化-分光光度法）

一、实验目的

1. 理解土壤有机碳的含义。
2. 掌握土壤有机碳的测定原理。
3. 掌握土壤有机碳的测定方法。

二、实验原理

土壤中的碳包括无机碳与有机碳。土壤有机碳是指土壤中各种正价态的含碳有机化合物，是土壤组成中极其重要的一部分。土壤有机碳的含量是决定土壤性质的重要标志，而且对碳循环有很大的影响，所以测定土壤有机碳的含量具有重要意义。土壤有机碳测定方法有重铬酸钾容量法（化学氧化法）、灼烧法（重量法）和比色法等。土壤有机碳的测定包括土壤样品的氧化和检测两部分。土壤样品的氧化有干法氧化和湿式氧化；检测方法有重量法、分光光度法和利用总有机碳分析仪测定法。

本实验采用分光光度法测定。在加热条件下利用过量的重铬酸钾-硫酸混合溶液氧化土壤样品中的有机碳，重铬酸钾中的六价铬被还原为三价铬，通过还原量来计算样品中有机碳含量。通过测定三价铬的含量可计算土壤样品中有机碳含量，三价铬的含量可通过在585nm 波长下测定其吸光度的方法得到。

本方法适用于风干土壤有机碳的测定，不适用于氯离子含量大于 $20 \times 10^4 \, \text{mg/kg}$ 的盐渍土或盐碱化土壤的测定。

三、实验材料

1. 仪器及器皿

分光光度计，万分之一电子天平，恒温加热器，离心机，具塞消解玻璃管，不锈钢材质土壤筛，白色搪瓷托盘，木槌。

2. 试剂和药品

分析纯浓硫酸：$\rho(H_2SO_4) = 1.84g/mL$，硫酸汞，0.27mol/L 的重铬酸钾溶液和 10.00g/L 的葡萄糖标准溶液贮存于试剂瓶中，并在 4℃保存。

四、实验步骤

1. 土壤样品预处理

(1) 风干土壤样品，将土壤样品置于洁净的白色搪瓷托盘中，摊成厚度为 2～3cm 的薄层。将土壤样品中的石块、植物、昆虫等杂质剔除扔掉。将土壤样品用一洁净的木槌压碎。自然风干，每天进行几次翻动。

(2) 土壤样品过筛，把土壤样品充分混匀，采用四分法，取其中两份。将其中一份留存；另一份通过 2mm 土壤筛，进行干物质含量测定。

取过 2mm 土壤筛后的样品 20～30g，进一步细磨后通过 0.15mm 土壤筛，将筛选好的样品装入一个干净的具塞棕色玻璃瓶中保存，待测。

2. 标准曲线绘制

(1) 加葡萄糖标准溶液

向 6 个洁净的 100mL 具塞消解玻璃管中分别准确加入 0.00mL、0.50mL、1.00mL、2.00mL、4.00mL 和 6.00mL 葡萄糖标准溶液，使各消解管中对应的有机碳含量分别为 0.00mg、2.00mg、4.00mg、8.00mg、16.00mg 和 24.00mg。

(2) 加试剂

向以上各具塞消解管中分别加入 5.00mL 重铬酸钾溶液、0.1g 硫酸汞，摇匀。然后分别加入 7.5mL 硫酸于各具塞消解玻璃管混合液中，一定要缓慢地加硫酸，轻轻摇匀。

(3) 消解

开启恒温加热器，将温度设置为 135℃。

加热，当恒温加热器温度接近 100℃时，打开消解玻璃管塞，将消解管放入恒温加热器的加热孔中。当温度为 135℃时开始计时，恒温加热 30min。

冷却，关掉恒温加热器。取出消解玻璃管进行水浴冷却至室温。然后缓慢地向每个消解玻璃管中分别加入蒸馏水约 50mL，继续冷却。

冷却至室温后，再用蒸馏水定容至 100mL 刻度线，加塞，小心地摇匀。

(4) 比色

提前 20min 预热分光光度计。

于 585nm 波长下，用 1cm 比色皿，以蒸馏水为参比，分别测定各消解玻璃管中混合液的吸光度，记录于表 1。

3. 样品测定

(1) 加土壤样品和试剂

准确称取适量的土壤样品，将其加入洁净的 100mL 具塞消解玻璃管中。分别加入 5.00mL 重铬酸钾溶液、0.1g 硫酸汞，摇匀。然后加入 7.5mL 硫酸于具塞消解玻璃管混合液中，一定要缓慢地加硫酸，轻轻摇匀。

(2) 消解

按照上面的方法进行消解、冷却、定容。

（3）测定吸光度

将上述定容后的土壤样品放于消解玻璃管静置 1h。

取上清液约 80mL 加至一离心管中离心分离 10min（2000r/min），再次静置至澄清。取上清液进行吸光度测定，将结果记录于表 1。

4. 空白测定

取一洁净具塞消解玻璃管做对照实验，分别加入 5.00mL 重铬酸钾溶液、0.1g 硫酸汞，摇匀。然后加入 7.5mL 硫酸于具塞消解玻璃管混合液中，一定要缓慢地加硫酸，轻轻摇匀。

按照上述步骤进行消解、冷却、定容和比色，进行吸光度测定，将结果记录于表 1。

五、注意事项

1. 土壤中的亚铁离子和氯离子会对有机碳含量测定造成干扰。亚铁离子和氯离子会导致测定结果偏高。将土壤样品摊成 2～3cm 的薄层充分暴露于空气，可使样品中的亚铁离子氧化成三价铁离子以消除干扰；通过加入适量硫酸汞可一定程度上消除氯离子的干扰。

2. 硫酸具有强腐蚀性，操作时严格按照操作规定佩戴防护器具。土壤样品应该在通风橱内进行消解。检测后的废液应妥善处理。

3. 为保证恒温加热器加热温度的均匀性，在进行样品消解时，恒温加热器中没有样品的加热孔中也应放入装有 15mL 硫酸的具塞消解玻璃管，避免恒温加热器进行空槽加热。

六、实验结果

1. 实验数据记录

将标准曲线绘制中和土壤有机碳测定的实验数据填写至表 1 中。

表 1　土壤有机碳含量测定的实验记录表

项目	管号						样品	空白
	1	2	3	4	5	6		
葡萄糖标准液用量/mL	0.00	0.50	1.00	2.00	4.00	6.00		
有机碳含量/mg	0.00	2.00	4.00	8.00	16.00	24.00		
硫酸汞用量/g	0.1							
重铬酸钾溶液用量/mL	5.00							
硫酸用量/mL	7.5							
吸光度 A								
校正吸光度 $A-A_0$								

2. 实验结果计算

土壤样品中有机碳含量按照式（1）和式（2）进行计算。

$$m_1 = m \times \frac{w_{dm}}{100} \tag{1}$$

$$w_{oc} = \frac{(A - A_0 - a)}{b \times m_1 \times 1000} \times 100 \tag{2}$$

式中　m_1——试样中干物质的质量，g；

　　　m——试样取样量，g；

　　　w_{dm}——土壤的干物质含量（质量分数），%；

　　　w_{oc}——土壤样品中有机碳的含量（以干重计，质量分数），%；

　　　A——试样消解液的吸光度；

　　　A_0——空白实验的吸光度；

　　　a——校准曲线的截距；

　　　b——校准曲线的斜率。

七、思考题

1. 土壤样品在消解后如果颜色为绿色，说明什么问题？

2. 是否土壤颜色越黑说明土壤有机碳含量越高？

3. 土壤有机碳代表的是土壤的什么特性？

4. 土壤有机碳含量还有哪些测定方法？

实验二

土壤总铜或锌的测定

一、实验目的

1. 了解原子吸收分光光度法的原理。
2. 掌握土壤样品的消化方法。
3. 掌握原子吸收分光光度计的使用方法。

二、实验原理

火焰原子吸收分光光度法是根据某元素的基态原子对该元素的特征谱线产生选择性吸收来进行测定的分析方法。将试样喷入火焰，被测元素的化合物在火焰中离解形成原子蒸气，由锐线光源（空心阴极灯）发射的某元素的特征谱线光辐射通过原子蒸气层时，该元素的基态原子对特征谱线产生选择性吸收。在一定条件下测得的特征谱线光强的变化与试样中被测元素的浓度成比例。通过测量基态原子对选用吸收线的吸光度，确定试样中该元素的浓度。本实验是采用湿法消化。湿法消化是使用具有强氧化性的酸，如 HNO_3、H_2SO_4、$HClO_4$ 等与有机化合物溶液共沸，使有机化合物分解除去的方法。

三、实验仪器和试剂

1. 仪器

原子吸收分光光度计，铜阴极灯。

2. 试剂

（1）王水（硝酸：盐酸＝1：3），高氯酸，稀硝酸（1%）。

（2）铜标准液（100mg/L）：准确称取 0.1000g 金属铜（99.9%）溶于 15mL（1＋1）硝酸中，移入 1000mL 容量瓶中，用去离子水稀释至刻度线。

四、实验步骤

1. 标准溶液的配制

取 6 个 250mL 容量瓶，依次加入 0.0mL、1.00mL、2.00mL、3.00mL、4.00mL、5.00mL 浓度为 100mg/L 的铜标准溶液，用 1% 的稀硝酸溶液稀释至刻度线，摇匀，配成含 0.00mg/L、0.40mg/L、0.80mg/L、1.20mg/L、1.60mg/L、2.00mg/L 铜标准溶液。

2. 样品的测定

(1) 样品的消化，准确称取 1.000g 土样于 100mL 烧杯中，用少量去离子水润湿，缓慢加入 5mL 王水（硝酸：盐酸＝1：3），盖上表面皿。同时做 1 份空白实验，把烧杯放在通风橱内的电炉上加热，从低温开始，慢慢提高温度，并保持微沸状态，使其充分分解，注意消化温度不宜过高，防止样品外溅。当激烈反应完毕，使有机物分解后，取下烧杯冷却，沿烧杯壁加入 2～4mL 高氯酸，继续加热分解直至冒白烟，样品变为灰白色，揭去表面皿，赶出过量的高氯酸，把样品蒸至近干，取下冷却，加入 5mL 1% 的稀硝酸溶液后再加热，冷却后用中速定量滤纸过滤到 25mL 容量瓶中，滤渣用 1% 稀硝酸洗涤，最后定容，摇匀待测。

(2) 测定，将消化液在与标准系列相同的条件下，直接喷入空气-乙炔火焰中，测定吸光值。

五、注意事项

1. 细心控制温度，升温过快反应物易溢出或炭化。

2. 高氯酸具有氧化性，应待土壤里大部分有机质消化完反应物，冷却后再加入，或者在常温下，有大量硝酸存在下加入，否则会使杯中样品溅出或爆炸，使用时务必小心。

3. 若高氯酸氧化作用进行过快，有爆炸可能时，应迅速冷却或用冷水稀释，即可停止高氯酸氧化作用。

4. 原子吸收测量条件见表 2。

表 2 原子吸收测量条件对照表

项目	测量条件
元素	Cu
波长/nm	324.8
灯电流/mA	2
光谱通带/nm	0.25
燃气	C_2H_2
助燃气	空气
火焰性质	氧化性

六、实验结果

将所测得的吸光度（如试剂空白有吸收，则应扣除空白吸收值）代入标准曲线，得到相应的浓度 M(mg/L)，则试样中铜或锌的含量 (mg/kg) 为：

$$铜或锌的含量 = \frac{M \times V}{m} \times 1000$$

式中　M——标准曲线上得到的相应浓度，mg/L；

　　　V——定容体积，mL；

　　　m——试样质量，g。

七、思考题

1. 除了采用原子吸收分光光度法测试土壤中的铜离子，还可以采用什么法测定？

2. 用原子吸收分光光度法测定土壤中的锌，取风干过筛后试样 1.0002g（水分为 3.6%），经消解后定容至 50mL，测得溶液中锌含量为 0.95mg/L，求土壤中锌的含量（mg/L）。

实验三

土壤中阳离子交换量的测定

一、实验目的

1. 理解土壤中阳离子交换量的含义和环境化学意义。
2. 掌握土壤中阳离子交换量的测定原理。
3. 能够快速测定土壤中阳离子交换量。

二、实验原理

土壤中阳离子交换量是指在土壤胶体中能够吸附阳离子的总量，不同土壤的阳离子交换量不同。土壤是环境污染物迁移转化的重要场所。土壤中阳离子交换量可作为评判土壤保肥能力的一个主要指标，并且与其中的重金属含量密切相关，是土壤缓冲性能的主要来源。通过测定土壤中阳离子交换量，有利于了解土壤对污染物净化能力和允许的污染负荷。影响土壤阳离子交换量大小的因素有土壤矿物的种类和数量、有机质含量、土壤质地和土壤 pH 等。

本实验采用氯化钡-硫酸快速法进行土壤阳离子交换量的测定。这种方法测得的是土壤阳离子的交换总量，用每 100g 土壤样品中含有的毫摩尔数阳离子表示。首先加入 $BaCl_2$ 水溶液到土壤中，使土壤中的各种阳离子与 Ba^{2+} 进行交换；然后用硫酸溶液将交换到土壤中的 Ba^{2+} 再交换下来并形成硫酸钡沉淀。最后得到交换前后硫酸含量的差值，并进一步计算出土壤阳离子交换量。

三、实验材料

1. 仪器及器具

精密 pH 计，电子天平，离心机，电热干燥箱，烧杯，容量瓶，土壤筛，离心管，玻璃棒，锥形瓶。

2. 试剂和药品

$BaCl_2 \cdot 2H_2O$，邻苯二甲酸氢钾，酚酞，分析纯浓硫酸，氢氧化钠，蒸馏水。

四、实验步骤

1. 试剂配制

（1）配制 0.1% 酚酞指示剂：称取 0.1g 酚酞溶解于 100mL 乙醇中，贮存在棕色试剂瓶中。

（2）配制 0.1mol/L 的硫酸溶液：取 5.43mL 浓硫酸，缓慢地加入蒸馏水，并稀释至 100mL。

（3）配制 0.1mol/L 的 NaOH 溶液：称取 4.00g 氢氧化钠，溶解于 1000mL 蒸馏水中，配制 0.1mol/L 的 NaOH 溶液。

将邻苯二甲酸氢钾在 105℃ 下烘 2～3h，放入干燥器。在 25℃ 下称取 0.50g 邻苯二甲酸氢钾两份，分别加入锥形瓶中，加 100mL 煮沸冷却后的蒸馏水，然后滴加 4 滴酚酞指示剂，用配制的 NaOH 溶液进行标定至淡粉色，并用煮沸冷却的蒸馏水做一个空白。计算实际的 NaOH 溶液浓度。

（4）配制氯化钡溶液：称取 60.0g $BaCl_2 \cdot 2H_2O$ 溶于蒸馏水中，移至 500mL 容量瓶中，用蒸馏水定容。

2. 土壤样品预处理

（1）风干土壤样品，将土壤样品置于洁净的白色搪瓷托盘中，摊成厚度为 2～3cm 的薄层。

（2）将土壤样品中的石块、植物、昆虫等杂质剔除。将土壤样品用一洁净的木槌压碎。自然风干，每天进行几次翻动。

（3）土壤样品过筛，把土壤样品充分混匀，采用四分法，取其中两份。将其中一份留存；一份通过 2mm 土壤筛，进行干物质含量测定。

再从过 0.15mm 土壤筛的样品中取出 20～30g，装入一洁净的棕色具塞玻璃瓶中保存，待测。

3. 土壤阳离子交换量的测定

（1）用氯化钡溶液处理土壤样品：称取 1.00g 土壤样品两份，分别加入 100mL 的离心管中。在上述离心管中分别加入 20mL 氯化钡溶液，并用玻璃棒搅拌 10min。将离心管在 3000r/min 下离心 5min，将上清液弃去后，再加 20mL 氯化钡溶液，搅拌、离心，如此重复 3 次。弃去上清液后，再加入 20mL 蒸馏水，搅拌 3min，将离心管在 3000r/min 下离心 5min，将上清液弃去。将离心管和其中的土样，放在电子天平上称重。

（2）阳离子交换的测定：利用氢离子把土壤中的 Ba^{2+} 全部等价交换出来，称重后，向离心管中准确加入 0.1mol/L 硫酸溶液 25mL，搅拌 15min，放置 20min，离心沉降。从离心管管内清液中移出 10mL 溶液置于 2 个锥形瓶内，再移出 2 份 0.1mol/L 硫酸溶液 10mL 到另外 2 个锥形瓶中。在 4 个锥形瓶中各加入 10mL 蒸馏水和 2 滴酚酞，用氢氧化钠标准溶液滴定到终点。0.1mol/L 硫酸溶液 10mL 耗去的氢氧化钠溶液的体积 A（mL）和样品消耗氢氧化钠溶液的体积 B（mL），氢氧化钠溶液的准确浓度 N（mol/L），连同以上数据记录在表 3 中。

五、注意事项

1. 配制 0.1mol/L 的 NaOH 溶液后，需要进行标定。

2. 土壤样品需要风干、研磨。土壤样品湿度太大时会影响实验测定结果。

3. 硫酸具有强腐蚀性，操作时严格按照操作规定佩戴防护器具。土壤样品应该在通风橱内进行消解。检测后的废液应妥善处理。

4. 用不同方法测得的土壤阳离子交换量差异很大，在结果中需注明实验方法。

六、实验结果

1. 将土壤阳离子交换量实验数据填写至表 3 中。

表 3　实验测定过程记录表

土壤样品质量 W_0/g		滴定土壤样品消耗 NaOH 溶液体积 B/mL		滴定硫酸溶液消耗 NaOH 溶液体积 A/mL	
1	2	1	2	1	2

2. 土壤阳离子交换量的计算，按照式（1）：

$$CEC = \frac{(A-B) \times N \times 1000}{W_0 \times 10} \tag{1}$$

式中　CEC——土壤阳离子交换量，cmol/kg；

　　　A——滴定 H_2SO_4 溶液（0.1mol/L）消耗 NaOH 标准溶液体积，mL；

　　　B——滴定土壤离心沉淀后的上清液消耗 NaOH 标准溶液体积，mL；

　　　W_0——称取土壤样品质量，g；

　　　N——NaOH 标准溶液浓度，mol/L；

　　　10——毫摩尔换算成厘摩尔倍数。

七、思考题

1. 土壤中阳离子交换量的测定有何意义？

2. 土壤阳离子交换量受哪些因素影响？

3. 简述氯化钡-硫酸快速法测定土壤中阳离子交换量的测定原理。

实验四

校园环境噪声的监测

一、实验目的

1. 掌握区域环境噪声的监测方法。
2. 对校园不同功能区进行噪声监测，以了解校园声环境质量状况。
3. 熟练使用声级计。

二、实验原理

环境噪声与人们的生活息息相关。学校为噪声敏感区，特别是有的区域噪声会影响师生的学习、工作和休息。声级计又叫噪声计，是一种用于测量声音的声压级或声级的仪器，是声学测量中最基本而又最常用的仪器，声级计由传声器、前置放大器、衰减器、放大器、频率计权网络以及有效值指示表头等组成。声级计使用正确与否，直接影响到测量结果的准确性。

校园环境噪声的监测方法有网格测量法和定点测量法。网格测量法中需要将某区域划分成多个等大的正方格，网格要覆盖整个区域，测点分布在每个网格的中心。当网格中心不宜测量时，可将测点移至最近的可测量位置。将测得的连续等效 A 声级按 5dB 一档分级，然后用不同颜色表示每一档的等效 A 声级，绘制覆盖在某一区域的网格上，用于表示某区域的噪声污染分布情况。定点测量法中，在某个选定的能代表某区域噪声平均水平的测点，进行连续 24h 的噪声监测，测量每小时的 L_{eq}、昼间的 L_d 和夜间的 L_n。然后将每小时的连续等效 A 声级按时间进行排列，得到表示某区域环境噪声的时间-声级分布规律。

环境噪声是无规则噪声，是随着时间变化的，测量结果一般用统计值或等效声级来表示。

三、实验材料

数字式声级计，声级校准计，三脚架，米尺。

四、实验步骤

1. 将学校划分成 25m×25m 的网格，在某个网格的中心点设置测量点，不宜测量的网格，将其测量点移至附近能测量的位置。

2. 在每个网格的测量点，采用声级计进行噪声监测，每个网格至少测量 3 次。

3. 声级计的读数方式采用慢档，每隔 5s 读取一个瞬时 A 声级，连续读取 200 个数据。读数的同时记录附近主要噪声源和天气条件。

五、注意事项

1. 声级计应固定在三脚架上使用，距地面 1.2m。声级计要离开地面，离开墙壁，以减少地面和墙壁反射声的附加影响。声级计尽量远离人体，以减少人对噪声测量的影响。

2. 应在无雨雪、无雷电天气的条件下进行噪声监测。风力在三级以上必须加风罩，以免受风噪声的影响。五级以上大风时不能进行噪声监测。

3. 进行校园噪声监测中，在读数时同时记录附近主要噪声来源和天气条件。

4. 声级计属于精密仪器，需要防潮。使用时要防止跌落和碰撞。

六、实验结果

1. 网格等效声级

对每个网格所测得的 200 个数据从大到小排序。第 10% 个数据（即第 20 个数据）为 L_{10}；第 50% 个数据（即第 100 个数据）为 L_{50}；第 90% 个数据（即第 180 个数据）为 L_{90}。按照下式计算等效声级 L_{eq} 和标准偏差 σ：

$$L_{eq} = \frac{L_{50} + (L_{10} - L_{90})^2}{60}$$

$$\sigma = \frac{L_{16} - L_{84}}{2}$$

式中　L_{10}——10% 的时间超过的噪声级；

L_{50}——50% 的时间超过的噪声级；

L_{90}——90% 的时间超过的噪声级。

将监测点三个测试时间的 L_{10}、L_{50}、L_{90} 和 L_{eq} 填写至表 4 中，以三次测得的 L_{eq} 为该网格点的环境噪声评价值。

表 4　监测数据列表

项目	测试时间 1	测试时间 2	测试时间 3	平均值
L_{10}/dB				
L_{50}/dB				
L_{90}/dB				
L_{eq}/dB				
σ/dB				

2. 区域环境噪声

以 5dB 为一个等级，在图上用不同颜色和阴影线表示各区域噪声的大小。根据表 5 的规定和校园各网格的等效声级 L_{eq} 填写表 6，并绘制校园区域噪声污染图。

表 5   各噪声带颜色和阴影线规定

噪声带/dB	颜色	阴影线
小于 35	浅绿色	小点，低密度
36~40	绿色	中点，中密度
41~45	深绿色	大点，高密度
46~50	黄色	垂直线，低密度
51~55	褐色	垂直线，中密度
56~60	橙色	垂直线，高密度
61~65	朱红色	交叉线，低密度
66~70	洋红色	交叉线，中密度
71~75	紫红色	交叉线，高密度
76~80	蓝色	宽条垂直线
81~85	深蓝色	全黑

表 6   校园各网格噪声监测结果

网格点	L_{eq} 平均值/dB	颜色	阴影线
1			
2			
3			
4			
5			
6			
7			
8			
10			
...			

七、思考题

1. 声级计使用时有哪些注意事项？
2. 噪声级 L_{10}、L_{50} 和 L_{90} 分别代表什么？如何根据 L_{10}、L_{50} 和 L_{90} 计算 L_{eq}？

实验五

大气中总悬浮颗粒物的测定（重量法）

一、实验目的

1. 掌握空气中悬浮颗粒物采样器的使用。
2. 掌握测定空气中悬浮颗粒物的重量法。

二、实验原理

利用具有一定切割特性的大气采样器，以恒定的速度抽取定量体积的空气，使环境空气中的总悬浮颗粒物被截留在已知质量的滤膜上，根据采样前后滤膜的质量差和采样体积，计算总悬浮颗粒物的浓度。

三、实验仪器

玻璃纤维滤膜，采样泵，镊子，分析天平。

四、实验步骤

1. 采样前滤膜准备

对光检查滤膜是否有针孔或其他缺陷，将滤膜放在恒温恒湿设备（室）中平衡至少24h后称量。滤膜平衡后用分析天平（精度0.1mg）对滤膜进行称量，记录滤膜质量，滤膜称量后，将滤膜平放至滤膜袋/盒中，不得将滤膜弯曲或折叠，待采样。

2. 采样

（1）到达采样点，安装空气采样器，打开采样头，取出滤膜夹。用清洁无绒干布擦去采样头内及滤膜夹的灰尘。

（2）将经过检查和称重的滤膜放入洁净采样夹内的滤网上，滤膜毛面应朝向进气方向，将滤膜牢固压紧至不漏气。安装好采样头，按照采样器使用说明，设置采样时间，启动采样，根据工作需要，可选择设置采样时长。

（3）测定颗粒物日平均浓度，应确保滤膜增重不小于分析天平实际分度值的100倍。当分析天平的实际分度值为0.0001g时，滤膜增重不小于10mg；当分析天平的实际分度值为0.00001g时，滤膜增重不小于1mg。

（4）采样结束后，打开采样头，取出滤膜。使用大流量采样器采样时，将有尘面两次对折，放入滤膜袋/盒中；使用中流量采样器采样时，将滤膜尘面朝上，平放入滤膜盒中。滤膜取出时，若发现滤膜损坏或滤膜采样区域的边缘轮廓不清晰，则该样品作废；若滤膜上有液滴或异物，则该样品作废。

五、注意事项

1. 滤膜采集后，应妥善保存运送至实验室。运输中不得倒置、挤压或发生较大的震动。

2. 滤膜采集后，应及时称量。若不能及时称量，应在不高于采样时的环境温度条件下保存，最长不超过30d。若用于组分分析等，应符合相关监测方法的要求。

3. 滤膜称量前，应对每片滤膜进行检查。滤膜应边缘平整、表面无毛刺、无针孔、无松散杂质，且没有折痕、受到污染或任何破损。检查合格后的滤膜，方能用于采样。

4. 应确保采样过程没有漏气。当滤膜安放正确，采样系统无漏气时，采样后滤膜上颗粒物与四周白边之间界限应清晰，如出现界限模糊，应及时更换滤膜密封垫。

六、实验结果

环境空气中总悬浮颗粒物的浓度按照式（1）进行计算：

$$\rho = \frac{W_2 - W_1}{V} \times 1000 \tag{1}$$

式中　ρ——总悬浮颗粒物的浓度，$\mu g/m^3$；

W_1——采样前滤膜的质量，mg；

W_2——采样后滤膜的质量，mg；

V——根据相关质量标准或排放标准采用相应状态下的采样体积，m^3；

1000——毫克与微克质量单位换算系数。

计算结果保留到整数位。

七、思考题

1. 根据总悬浮颗粒物国家标准浓度限值标准，检测点大气总悬浮颗粒物属于几级？
2. 请简单分析检测点总悬浮颗粒物的来源。

实验六

大气中二氧化硫的测定

一、实验目的

1. 掌握空气中二氧化硫含量的测定方法。
2. 掌握甲醛溶液吸收-盐酸副玫瑰苯胺分光光度法测定空气中的二氧化硫含量的操作。

二、实验原理

本实验大气中二氧化硫的测定采用甲醛溶液吸收-副玫瑰苯胺分光光度法。利用甲醛缓冲溶液吸收空气中的二氧化硫，生成稳定的羟甲基磺酸加成化合物，再将氢氧化钠加入样品溶液中分解加成化合物，释放出的二氧化硫与副玫瑰苯胺发生反应生成紫红色化合物，用分光光度计测定其在 577nm 处吸光度。

三、实验仪器设备

1. 仪器

(1) 分光光度计，具 10mm 比色皿。

(2) 温水浴锅，多孔玻板吸收管（10mL）。

(3) 具塞比色管（10mL）。

(4) 空气采样器，应具有保温装置，流量范围在 0.1～1L/min。

(5) 一般实验室常用仪器。

2. 试剂

(1) 实验用水：新制备的蒸馏水。除非另有说明，分析时均使用分析纯试剂。

(2) 优级纯碘酸钾（KIO_3）：经 110℃ 干燥 2h。

(3) NaOH 溶液（1.5mol/L）：称取 6.0g NaOH，溶于 100mL 水中。

(4) 环己二胺四乙酸二钠溶液[$c(Na_2CDTA)=0.05mol/L$]：称取 1.82g 1,2-环己二胺四乙酸，加入 1.5mol/L NaOH 溶液 6.5mL，等溶解后再用蒸馏水稀释至 100mL。

（5）甲醛缓冲吸收贮备液：称取 2.04g 邻苯二甲酸氢钾，溶于少量蒸馏水中；加入 36%～38% 的甲醛溶液 5.5mL、0.05mol/L 环己二胺四乙酸二钠溶液 20.00mL；混匀后再用蒸馏水稀释至 100mL，于 2～5℃ 可保存一年。

（6）甲醛缓冲吸收液（0.2mg/mL）：用蒸馏水将甲醛缓冲吸收贮备液稀释 100 倍即可。临用时现配。

（7）氨磺酸钠溶液（6.0g/L）：称取 0.60g 氨磺酸于 100mL 烧杯中，加入 1.5mol/L NaOH 溶液 4.0mL，搅拌至完全溶解，用蒸馏水稀释至 100mL，摇匀。此溶液密封可保存 10d。

（8）碘贮备液[$c(1/2I_2)＝0.10mol/L$]：称取 12.7g 碘于烧杯中，加入 40g 碘化钾和 25mL 蒸馏水，搅拌至完全溶解后，用蒸馏水稀释至 1000mL。贮存于棕色细口试剂瓶中。

（9）碘使用液[$c(1/2I_2)＝0.010mol/L$]：量取 0.10mol/L 碘贮备液 50mL，用蒸馏水稀释至 500mL，混匀。贮存于棕色细口试剂瓶中。

（10）淀粉指示剂（5.0g/L）：称取 0.5g 可溶性淀粉，用少量水调成糊状，慢慢倒入 90mL 沸水，继续煮沸至溶液澄清。冷却后贮于试剂瓶中。临用时现配。

（11）碘酸钾标准溶液[$c(1/6KIO_3)＝0.1000mol/L$]：准确称取 3.5667g 经 110℃ 干燥 2h 的优级纯碘酸钾溶于蒸馏水，移入 1000mL 容量瓶中，用蒸馏水稀释至标线，摇匀。

（12）盐酸溶液（1+9）：量取 100mL 浓盐酸，加到 900mL 蒸馏水中。

（13）硫代硫酸钠标准贮备液[$c(Na_2S_2O_3)≈0.10mol/L$]：称取 25.0g 硫代硫酸钠（$Na_2S_2O_3 \cdot 5H_2O$），溶于 1000mL 新煮沸并冷却的蒸馏水中，加入 0.2g 无水碳酸钠，贮于棕色细口试剂瓶中，放置一周后备用。

（14）硫代硫酸钠标准溶液[$c(Na_2S_2O_3)≈0.010mol/L$]：取 50mL 硫代硫酸钠标准贮备液，置于 500mL 容量瓶中，用新煮沸并冷却的蒸馏水稀释至标线，摇匀，标定其浓度。

标定方法：吸取三份 20.00mL 碘酸钾标准溶液分别置于 250mL 碘量瓶中，加入 70mL 新煮沸并已冷却的蒸馏水；加 1.0g 碘化钾，振荡至完全溶解后，加 10mL 1+9 盐酸溶液，立即盖好瓶塞，摇匀。于暗处静置 5min。用硫代硫酸钠标准溶液滴定溶液至淡黄色时，加 2mL 淀粉指示剂，继续滴定至蓝色刚好褪去。硫代硫酸钠标准溶液的浓度按式（1）计算：

$$c = \frac{0.0100 \times 20.00}{V} \tag{1}$$

式中　c——硫代硫酸钠标准溶液的浓度，mol/L；

　　　V——所耗硫代硫酸钠标准溶液的体积，mL。

（15）乙二胺四乙酸二钠盐（EDTA-2Na）溶液（0.50g/L）：称取 0.25g 乙二胺四乙酸二钠盐（$C_{10}H_{14}N_2O_8Na_2 \cdot 2H_2O$）溶于 500mL 新煮沸已冷却的蒸馏水中。临用时现配。

（16）亚硫酸钠溶液（1g/L）：称取 0.200g 亚硫酸钠（Na_2SO_3），溶于 200mL EDTA-2Na 溶液中，缓缓摇匀使其溶解。静置 2～3h，标定。此溶液每毫升相当于 320～400μg 二氧化硫。

标定方法：

① 取 6 个 250mL 碘量瓶（A_1、A_2、A_3、B_1、B_2、B_3），在 A_1、A_2、A_3 内各加入 25mL 乙二胺四乙酸二钠盐溶液，在 B_1、B_2、B_3 内各加入 25.00mL 亚硫酸钠溶液，分别加入 50.0mL 碘溶液和 1.00mL 冰醋酸，盖好瓶盖，摇匀。

② 立即吸取 2.00mL 亚硫酸钠溶液加到一个已装有 40～50mL 甲醛吸收液的 100mL 容量瓶中，并用甲醛吸收液稀释至标线，摇匀。此溶液即为二氧化硫标准贮备溶液，在 4～5℃ 下冷藏，可稳定 6 个月。

③ A_1、A_2、A_3、B_1、B_2、B_3 六个瓶子于暗处放置 5min 后，用硫代硫酸钠溶液滴定至浅黄色，加 5mL 淀粉指示剂，继续滴定至蓝色刚刚消失。平行滴定所用硫代硫酸钠溶液的体积之差应不大于 0.05mL。

二氧化硫标准贮备溶液的质量浓度由式（2）计算：

$$\rho(SO_2) = \frac{(\overline{V_0} - \overline{V}) \times c \times 32.02 \times 10^3}{25.00} \times \frac{2.00}{100} \qquad (2)$$

式中 $\rho(SO_2)$——二氧化硫标准贮备溶液的质量浓度，$\mu g/mL$；

$\overline{V_0}$——空白滴定所用硫代硫酸钠溶液的体积，mL；

$\overline{V}$——样品滴定所用硫代硫酸钠溶液的体积，mL；

c——硫代硫酸钠溶液的浓度，mol/L。

（17）二氧化硫标准溶液（$1.00\mu g/mL$）：用甲醛缓冲吸收液将二氧化硫标准贮备溶液稀释成 $1.0\mu g/mL$ 的二氧化硫标准溶液。此溶液用于绘制标准曲线，在 $4\sim5℃$ 下冷藏保存，可稳定 1 个月。

（18）盐酸副玫瑰苯胺贮备液（$2.0g/L$）：纯度应达到副玫瑰苯胺提纯及检验方法的质量要求。称取 $0.20g$ 经提纯的副玫瑰苯胺，溶解于 $100mL$ $1+9$ 盐酸溶液中。

（19）盐酸副玫瑰苯胺溶液（$0.50g/L$）：吸取 $25.00mL$ 副玫瑰苯胺贮备液于 $100mL$ 容量瓶中，加入 85% 的浓磷酸 $30mL$、浓盐酸 $12mL$，用水稀释至标线，摇匀。放置 $24h$ 后才可使用。避光密封可保存 9 个月。

四、实验步骤

1. 现场采样

采用内装 $10mL$ 甲醛缓冲吸收液的多孔玻板吸收管，以 $0.5L/min$ 的流量采样 $45\sim60min$，采样时甲醛缓冲吸收液温度应保持在 $23\sim29℃$。

2. 现场空白

将装有吸收液的采样管带到采样现场，除了不采气外，其他环境条件与样品相同。

五、注意事项

1. 本方法的显色温度范围为 $15\sim25℃$，样品和标准曲线应在同一温度、时间条件下进行显色测定。

2. 二氧化硫测定中干扰的消除：采样后放置一段时间可使气体样品中的臭氧自行分解；氮氧化物的干扰可通过加入氨磺酸钠溶液消除；重金属的干扰可通过加入磷酸和乙二胺四乙酸二钠盐来消除。

六、实验结果

1. 标准曲线绘制

取 14 支 $10mL$ 具塞比色管，分 A、B 两组，每组 7 支分别对应编号，A 组按表 7 配制标准系列。

表 7   二氧化硫标准系列

管号	SO$_2$ 标准溶液体积/mL	甲醛缓冲吸收液体积/mL	SO$_2$ 含量/μg
0	0	10.00	0
1	0.50	9.50	0.50

管号	SO$_2$ 标准溶液体积/mL	甲醛缓冲吸收液体积/mL	SO$_2$ 含量/μg
2	1.00	9.00	1.00
3	2.00	8.00	2.00
4	5.00	5.00	5.00
5	8.00	2.00	8.00
6	10.00	0	10.00

B组的每个管加入 0.5g/L PRA 使用液 1.00mL。A组各管分别加入 6g/L 氨磺酸钠溶液 0.5mL 和 1.50mol/L 氢氧化钠溶液 0.5mL，混匀。再将 A 管溶液逐管全部迅速地倒入相应编号的 B 管中，立即盖上塞子，将比色管摇匀后放入恒温水浴锅中显色。显色温度与室温之差不大于 3℃，根据不同季节和环境条件的差异，按表8选择对应的显色温度和显色时间。

表 8　二氧化硫显色温度与显色时间对照表

显色温度/℃	显色时间/min	稳定时间/min	试剂空白吸光度(A_0)
10	40	35	0.030
15	25	25	0.035
20	20	20	0.040
25	15	15	0.050
30	5	10	0.060

在波长 577nm 处，以水作参比，用 10mm 比色皿，测定样品吸光度。以吸光度（扣除试剂空白吸光度）对 SO$_2$ 含量（μg）绘制标准曲线，用最小二乘法建立标准曲线的回归方程。

2. 样品测定

将多孔玻板吸收管中样品溶液全部移入 10mL 具塞比色管中，用少量甲醛缓冲吸收液洗涤吸收管，倒入比色管中，并用甲醛缓冲吸收液稀释至 10mL 标线，加入 6.0g/L 氨磺酸钠溶液 0.50mL，摇匀。放置 10min 以除去氮氧化物的干扰，以下步骤同标准曲线的绘制。

3. 计算

按下式计算空气中 SO$_2$ 的质量浓度 ρ：

$$\rho = \frac{(A - A_0 - a)}{b \times V_s} \times \frac{V_t}{V_a} \quad (3)$$

式中　A——样品溶液的吸光度；

A_0——试剂空白溶液的吸光度；

a——标准曲线的截距（一般要求小于 0.005）；

b——标准曲线的斜率，吸光度/μg；

V_a——测定时所取试样的体积，mL；

V_s——换算成标准状态下的采样体积，L；

V_t——样品溶液的总体积，mL。

计算结果精确到小数点后 3 位。

七、思考题

1. 多孔玻板吸收管的作用是什么？

2. 二氧化硫测定过程中有哪些干扰？如何消除？

实验七

大气中二氧化氮的测定

一、实验目的

1. 掌握盐酸萘乙二胺分光光度法测定氮氧化物的原理和操作方法。
2. 进一步掌握大气污染物的采样方法。

二、实验原理

环境空气中的 NO_2 用吸收液吸收后，首先生成亚硝酸和硝酸。其中，亚硝酸与对氨基苯磺酸发生重氮化反应，再与盐酸萘乙二胺作用，生成粉红色偶氮染料，根据颜色深浅采用分光光度法定量。因为 NO_2（气）不是全部转化为 NO_2^-（液），故在计算结果时应除以转换系数。

三、实验仪器和试剂

1. 仪器

（1）吸收瓶：内装 50mL 吸收液的多孔玻板吸收瓶，液柱高度不低于 80mm。使用棕色吸收瓶或采样过程中在吸收瓶外罩黑色避光罩。

（2）空气采样器：便携式空气采样器，流量为 0~1L/min。

（3）分光光度计：具 10mm 比色皿。

（4）具塞比色管：10mL。

（5）其他玻璃仪器。

2. 试剂

（1）无水乙酸。

（2）盐酸萘乙二胺贮备液：称取 0.50g 盐酸萘乙二胺 $[C_{10}H_7NH(CH_2)_2NH_2 \cdot 2HCl]$

于 500mL 容量瓶中，用水稀释至标线。此溶液贮于密闭棕色瓶中冷藏，可稳定保存 3 个月。

（3）显色剂：称取 5.0g 氨基苯磺酸（$NH_2C_6H_4SO_3H$）溶解于 200mL 40～50℃ 热水中，冷却至室温后转移至 1000mL 容量瓶中，加入 50.0mL 盐酸萘乙二胺贮备液和 50mL 无水乙酸，用水稀释至标线。此溶液贮于密闭的棕色瓶中，25℃ 以下暗处存放可稳定 3 个月。如呈现红色，应重配。

（4）吸收液：使用时将显色剂和水按体积比 4∶1 混合而成。

（5）亚硝酸铵标准贮备液（250µg/mL）：称取 0.3750g 优级纯亚硝酸钠 [$NaNO_2$，使用前在（105±5）℃ 干燥恒重] 溶于水，移入 1000mL 容量瓶中，用水稀释至标线。此标准贮备液为每毫升含 250µg NO_2^-，贮于棕色瓶中于暗处存放，可稳定保存 3 个月。

（6）亚硝酸钠标准使用液（2.50µg/mL）：准确吸取亚硝酸钠标准贮备液 1.00mL 于 100mL 容量瓶中，用水稀释至标线。此溶液每毫升含 2.50µg NO_2^-，在临用前配制。

四、实验步骤

1. 采样

取一支吸收瓶，内装 5mL 吸收液，将其与空气采样器连接，以 0.2～0.3L/min 的流量避光采样，至吸收液呈微红色为止，记下采样时间，密封好采样管，带回实验室，当日测定。若吸收液不变色，应延长采样时间，采样量应不少于 6L。在采样的同时，应测定采样现场的温度和大气压力，并做好记录。

2. 现场空白

将装有吸收液的吸收瓶带到采样现场，与样品在相同的条件下保存、运输，直至送交实验室分析，运输过程中应注意防止沾污。要求每次采样至少做 2 个现场空白测试。

3. 标准曲线绘制

取 6 支 10mL 具塞比色管，按表 9 配制亚硝酸钠标准系列。各管混匀，于暗处放置 20min（室温低于 20℃ 时，显色 40min 以上），用 10mm 比色皿，在波长 540nm 处，以水为参比，测定吸光度。扣除空白样品的吸光度以后，对应 NO_2^- 的质量浓度（µg/mL），用最小二乘法计算标准曲线的回归方程。

表 9 亚硝酸钠标准系列

项目	管号					
	0	1	2	3	4	5
亚硝酸钠标准使用液体积/mL	0	0.40	0.80	1.20	1.60	2.00
水体积/mL	2.00	1.60	1.20	0.80	0.40	0
显色剂体积/mL	8.00	8.00	8.00	8.00	8.00	8.00
NO_2^- 质量浓度/(µg/mL)	0	0.10	0.20	0.30	0.40	0.50

4. 样品测定

采样结束后，放置 20min（室温＜20℃，放置 40min 以上），用水补充吸收瓶中吸收液，使吸收液体积至标线，混合均匀，按标准曲线的测试步骤测定样品的吸光度。如果样品溶液吸光度超出标准溶液测定的上限，可用吸收液对样品进行稀释后再测定。计算结果时应乘以稀释倍数。

5. 空白样品测定

空白样品、样品和标准曲线测定应用一批吸收液。

五、注意事项

1. 显色液呈现淡红色时，应弃之重新配制。

2. 吸收液的吸光度≤0.005。

3. 使用棕色吸收瓶或采样过程中吸收瓶外罩黑色避光罩。新的多孔玻板吸收瓶或使用后的多孔玻板吸收瓶和氧化瓶，应用1+1 HCl浸泡24h以上，然后用清水洗净。

4. 采样前应检查采样系统的气密性，用皂膜流量计进行流量校准。采样流量的相对误差应小于±5%。

5. 样品采集、运输及存放过程中避光保存，样品采集后尽快分析。如果不能及时测试，可先将样品保存在低温暗处。

六、实验结果

$$\rho(NO_2) = \frac{(A_1 - A_0 - a) \times V \times D}{b \times k \times V_0}$$

式中　$\rho(NO_2)$——大气中二氧化氮的质量浓度，mg/m^3；

　　　　A_1——吸收瓶内吸收液采样后的吸光度；

　　　　A_0——空白样品溶液的吸光度；

　　　　b——标准曲线的斜率，$mL/\mu g$；

　　　　a——标准曲线的截距；

　　　　V——采样用吸收液体积，mL；

　　　　V_0——换算成标准状态下的采样体积，L；

　　　　k——Saltzman实验系数（取0.88），当大气中NO_2质量浓度高于$0.72mg/m^3$时为0.77。

七、思考题

1. 空气中哪些物质可能干扰二氧化氮的测定？如何消除干扰？

2. 空气中氮氧化物的存在形式有哪些？

3. 当空气中含有过氧乙酰硝酸酯（PAN）时，NO_2的测定结果会怎么样？

实验八

室内空气中甲醛的测定

一、实验目的

1. 掌握甲醛的测定原理和测定方法。
2. 了解室内空气污染的意义。

二、实验原理

室内甲醛主要来源于建筑材料、家具、人造板材、各种黏合剂、涂料和合成纺织品等。甲醛是一类致癌物质，它的释放期很长。我国《室内空气质量标准》规定，二类民用建筑工程室内空气中甲醛的限值为 $0.10\mathrm{mg/m^3}$，一类民用建筑工程室内空气中甲醛的限值为 $0.08\mathrm{mg/m^3}$。

甲醛是室内空气质量检测的必测项目。检测方法主要有两大类：一类是国家标准法，常用测量方法有酚试剂分光光度法、乙酰丙酮分光光度法、气相色谱法等；另一类是便携式仪器检测法。分光光度法操作简单、准确度和灵敏度高，常用于室内甲醛检测。

本实验采用乙酰丙酮分光光度法测定室内甲醛。甲醛气体被水吸收后，在 pH 为 6 的乙酸-乙酸铵缓冲溶液中，在沸水水浴条件下与乙酰丙酮反应，迅速生成稳定的黄色化合物，在波长 413nm 处测定其吸光度。

三、实验材料

1. 仪器和器皿

分光光度计，空气采样器，采样引气管（前端带有玻璃纤维滤料的聚四氟乙烯管），酸度计，水浴锅，多孔玻板吸收管10mL，具5mL 和10mL 刻度的10mL 具塞比色管，标准皮托管，倾斜式微压计，碘量瓶。

2. 试剂和药品

（1）乙酸铵，冰醋酸，碘化钾，碘，氢氧化钠，盐酸，可溶性淀粉，水杨酸，氯化锌，碘酸钾（优级纯），甲醛试剂（甲醛含量为36%～38%）。

（2）不含有机物的蒸馏水（加少量高锰酸钾的碱性溶液于蒸馏水中再进行蒸馏制得的），可用作本实验中的甲醛吸收液。

（3）硫酸（H_2SO_4）溶液（6mol/L）：取浓硫酸180mL，缓慢加入850mL蒸馏水中，冷却，混匀。

（4）氢氧化钠（NaOH）溶液（1mol/L）：称取40g氢氧化钠，溶于水中，并稀释至1000mL。

（5）乙酰丙酮（$C_5H_8O_2$）溶液（0.25%）：称取25g乙酸铵，加少量水溶解，再加3mL冰醋酸和0.25mL新蒸馏出的乙酰丙酮溶液，混匀，补加水至100mL，调整pH至6.0，在2～5℃保存，使用期为1个月。

（6）碘（I_2）溶液（0.05mol/L）：称取20g碘化钾，溶于少量水，再加入6.35g碘。溶解后，用水定容至1000mL。移入棕色瓶，暗处贮存。

（7）碘酸钾（KIO_3）溶液：称取3.567g经105℃干燥至恒重的碘酸钾，溶于水，稀释定容至1000mL容量瓶中。

（8）淀粉指示剂：称取1.0g可溶性淀粉，用少量水调成糊状，边搅拌边加入90mL沸水中，并煮沸2～3min至透明态。冷却后，稀释至100mL。临用现配。

（9）重铬酸钾（$K_2Cr_2O_7$）标准溶液（$c_2 = 0.0500$mol/L）：准确称取经烘干至恒重并冷却的重铬酸钾2.4516g，用水溶解后移入1000mL容量瓶中，用水稀释至刻度线，摇匀。

（10）硫代硫酸钠（$Na_2S_2O_3$）标准溶液（约0.05mol/L）：称取12.5g硫代硫酸钠于煮沸并冷却的水中，稀释至1000mL，加入0.4g氢氧化钠，贮于棕色瓶中，放置2周后过滤。使用前用重铬酸钾标准溶液标定。

标定方法：取一个250mL碘量瓶，加入1g碘化钾，再加50mL水、20.00mL重铬酸钾标准溶液、5mL硫酸溶液（6mol/L），混匀。避光静置5min。用硫代硫酸钠溶液滴定，当滴定至溶液呈淡黄色时，加入1mL淀粉指示剂，继续滴定至蓝色刚好褪去，记录用量V_1。

硫代硫酸钠标准溶液浓度c_1为：

$$c_1 = \frac{c_2 \times 20}{V_1}$$

式中　c_1——硫代硫酸钠标准溶液浓度，mol/L；

　　　c_2——重铬酸钾标准溶液浓度，mol/L；

　　　V_1——滴定时消耗的硫代硫酸钠溶液体积，mL；

　　　20——取用重铬酸钾标准溶液体积，mL。

（11）甲醛标准贮备液：吸取2.8mL甲醛试剂加入1000mL容量瓶，用水稀释至刻度线，摇匀。浓度为1mg/mL，置于4℃冷藏可保存半年。使用前需要标定。

标定方法：用移液管移取甲醛标准贮备液20.00mL于250mL碘量瓶中，分别加入50.0mL碘溶液、15mL氢氧化钠溶液，混匀。静置15min。加20mL硫酸溶液，混匀。再次静置15min后用硫代硫酸钠标准溶液滴定，至溶液呈现淡黄色时，加1mL淀粉指示剂。继续滴定至蓝色刚好褪去，记录硫代硫酸钠标准溶液的用量V。

甲醛标准贮备液的质量浓度，按下式计算：

$$\rho(\mathrm{HCHO}) = \frac{(V_0 - V) \times c_1 \times 15.02}{20.00}$$

式中 $\rho(\mathrm{HCHO})$——甲醛标准贮备液的质量浓度，mg/mL；

V_0，V——滴定空白溶液、甲醛标准贮备液时消耗的硫代硫酸钠标准溶液体积，mL；

c_1——硫代硫酸钠标准溶液浓度，mol/L；

15.02——甲醛的摩尔质量，g/mol；

20.00——移取甲醛标准贮备液的体积，mL。

(12) 甲醛标准使用溶液：将甲醛标准贮备液用水稀释至每毫升含 5μg 甲醛的溶液，用于配制标准色列。此甲醛标准使用溶液可稳定 24h。

四、实验步骤

1. 采样与保存

连接采样装置：将采样引气管、采样吸收管和空气采样器连接。吸收管体积为 10mL，其中有 5mL 吸收液。以 0.5L/min 的流量，采样 45min。并记录采样点的温度和大气压。

采集好的气体样品于 2~5℃保存，最好 2 天内分析。

2. 甲醛标准曲线的绘制

取 7 支 10mL 具塞比色管，分别加入甲醛标准使用液 0mL、0.1mL、0.4mL、0.8mL、1.2mL、1.6mL、2.0mL，用水分别稀释定容至 5.0mL 标线。再分别加 0.25%的乙酰丙酮溶液 1.0mL，混匀。置于沸水浴加热 3min，取出冷却。以水作参比，使用 1cm 比色皿，在波长为 413nm 处测定空白实验的吸光度 A_b 和各甲醛浓度比色管的吸光度 A_s。经校准后的吸光度作为纵坐标，甲醛含量作为横坐标，绘制出标准曲线。

3. 样品测定

取一定量（该体积 V 视样品浓度而定，小于等于 5mL）的样品溶液于 10mL 具塞比色管，用水定容至 5.0mL 标线。按标准曲线绘制步骤进行吸光度测定。

4. 空白实验

用现场未采样的空白吸收管的吸收液，进行空白测定。

五、注意事项

1. 除非另有说明，本实验分析时使用的水均为制备的不含有机物的蒸馏水。

2. 室温低于 15℃时，显色不完全。应该在 25℃水浴中进行显色反应。标准系列和样品的显色条件应该保持一致。

3. 空气中的甲醛很容易被水吸收，实验中所用的试剂要密闭保存。当空白实验测定值过高时，重新配制试剂。

4. 用硫代硫酸钠标准溶液滴定甲醛标准贮备液时，应该在碘量瓶中进行，并且避免阳光照射。淀粉试剂应在滴定近终点前加入。

六、实验结果

$$\rho = \frac{(A - A_0) \times B}{V_0}$$

式中 ρ——甲醛的质量浓度，mg/m^3；

 A——样品溶液的吸光度；

 A_0——空白溶液的吸光度；

 B——标准曲线斜率倒数，$\mu g/$吸光度；

 V_0——换算成标准状态下的采样体积，L。

七、思考题

1. 室内含有二氧化硫时，对甲醛的测定有什么样的干扰？如何消除二氧化硫的干扰？
2. 室内空气中甲醛的主要来源有哪些？有什么危害？
3. 采样时为什么选用棕色吸收管？样品为什么需避光存放？

实验九

色度测定（稀释倍数法）

一、实验目的

1. 掌握色度的基本概念。
2. 学习稀释倍数法测定色度的方法。

二、实验原理

将样品稀释至与水相比无视觉感官区别，用稀释后的总体积与原体积的比表达颜色的强度，单位为倍。

三、仪器和试剂

（1）水：去离子水或纯水。

（2）具塞比色管：50mL、100mL，内径一致，无色透明，底部均匀无阴影。

（3）光源：在光线充足的条件下可使用自然光，否则应在光源下进行测定。光源为荧光灯或 LED 灯，两种光源发出的光均要求为冷白色。两根灯管并排放置，灯管下无任何遮挡，每根灯管长度至少 1.2m。光源悬挂于实验台面上方 1.5～2.0m 处，开启光源时，应关闭室内其他所有光源。荧光灯功率≥40W 或 LED 灯功率≥26W。

（4）容量瓶：100mL。

（5）量筒：25mL、100mL、250mL。

（6）采样瓶：250mL 具塞磨口棕色玻璃瓶。

（7）一般实验室常用仪器和设备。

四、实验步骤

1. 试样制备

将样品倒入 250mL 量筒，静置 15min，倾取上层非沉降部分作为试样进行测定。

2. 颜色描述

取样品倒入 50mL 具塞比色管中，至 50mL 标线，将具塞比色管垂直放置在白色表面上，垂直向下观察液柱。用文字描述样品的颜色特征，如颜色（红、橙、黄、绿、蓝、紫、白、灰、黑）、深浅（无色、浅色、深色）、透明度（透明、浑浊、不透明）。

3. 初级稀释

准确移取 10.0mL 试样于 100mL 比色管或 100mL 容量瓶中，用水稀释至 100mL 刻度线，混匀后按目视比色（步骤 5）方法观察，如果还有颜色，则继续取稀释后的试料 10.0mL，再稀释 10 倍，以此类推，直到刚好与水无法区别为止，记录稀释次数 n。

4. 自然倍数稀释

用量筒取第 $n-1$ 次初级稀释的试料，按照表 10 的稀释方法由小到大逐级按自然倍数进行稀释，每稀释 1 次，混匀后按目视比色（步骤 5）方法观察，直到刚好与水无法区别时停止稀释，记录稀释倍数 D_1。

表 10　稀释方法及结果表示

稀释倍数（D_1）	稀释方法	结果表示
2 倍	取 25mL 试样加水 25mL，混匀备用	$2 \times 10^{n-1}$ 倍（$n=1,2\cdots$）
3 倍	取 20mL 试样加水 40mL，混匀备用	$3 \times 10^{n-1}$ 倍（$n=1,2\cdots$）
4 倍	取 20mL 试样加水 60mL，混匀备用	$4 \times 10^{n-1}$ 倍（$n=1,2\cdots$）
5 倍	取 10mL 试样加水 40mL，混匀备用	$5 \times 10^{n-1}$ 倍（$n=1,2\cdots$）
6 倍	取 10mL 试样加水 50mL，混匀备用	$6 \times 10^{n-1}$ 倍（$n=1,2\cdots$）
7 倍	取 10mL 试样加水 60mL，混匀备用	$7 \times 10^{n-1}$ 倍（$n=1,2\cdots$）
8 倍	取 10mL 试样加水 70mL，混匀备用	$8 \times 10^{n-1}$ 倍（$n=1,2\cdots$）
9 倍	取 10mL 试样加水 80mL，混匀备用	$9 \times 10^{n-1}$ 倍（$n=1,2\cdots$）

5. 目视比色

将稀释后的试料和水分别倒入 50mL 具塞比色管至 50mL 标线，将具塞比色管垂直放置在白色表面上，垂直向下观察液柱，比较试料和水的颜色。

五、注意事项

1. 样品描述必须写清楚，其中包括颜色深浅、色调、透明度。
2. 检测人员必须视力正常，具备能准确分辨色彩的能力，不能有色觉障碍和色盲。
3. 样品采集后应在 4℃ 以下冷藏、避光保存，并在 24h 内进行测定。
4. 实验中用到的具塞比色管，内径应一致，并且为无色透明，其底部均匀而无阴影。

六、结果计算与表示

样品的稀释倍数 D，按式（1）进行计算：
$$D = D_1 \times 10^{n-1} \tag{1}$$

式中　D——样品稀释倍数；

　　　n——初级稀释次数；

　　　D_1——稀释倍数。

结果以稀释倍数值表示。

七、思考题

1. 稀释倍数法主要用于哪一类水体的检测？
2. 稀释倍数法最大的优点是什么？
3. 稀释倍数法测试过程中哪些环节存在误差？

实验十

水中浊度的测定

一、实验目的

1. 掌握浊度的基本概念和测定方法。
2. 掌握浊度计的使用方法。

二、实验原理

利用一束稳定光源光线通过盛有待测样品的样品池，传感器处在与发射光线垂直的位置上测量散射光强度。光束射入样品时产生的散射光的强度与样品中浊度在一定浓度范围内成比例关系。

三、实验仪器和试剂

1. 仪器与器皿

万分之一电子天平，浊度仪，100mL 容量瓶。

2. 试剂

（1）无浊度水：蒸馏水用 0.2μm 的滤膜过滤，收集于用滤过水洗涤过两次的烧杯中。

（2）浊度贮备液：配制硫酸肼溶液，称取 1.000g 硫酸肼溶于少量蒸馏水，加蒸馏水定容至 100mL；配制六亚甲基四胺溶液，称取 10.000g 六亚甲基四胺溶于少量蒸馏水，加蒸馏水定容至 100mL；吸取 5.00mL 硫酸肼溶液与 5.00mL 六亚甲基四胺溶液于 100mL 容量瓶中，于（25±3）℃下静置反应 24h，再用蒸馏水稀释至刻度线。此溶液浊度为 400NTU。

（3）浊度标准液：吸取 25mL 浊度为 400 度的浊度贮备液置于容量瓶中，用水稀释至100mL，此溶液即为浊度 100 度的标准液。

四、实验步骤

1. 浊度低于 10NTU 的水样

（1）浊度仪接通电源，预热 20min。
（2）用无浊度水调 0 点。
（3）用浊度为 10NTU 的标准浊度溶液调节满刻度。
（4）将水样缓慢注入样品杯中，用滤纸擦净样品杯外壁。
（5）将样品杯平稳放入比色池，关闭比色池盖子，等待数据稳定后，直接读取浊度值。

2. 浊度高于 10NTU 的水样

用无浊度水调 0 点，用浊度为 100NTU 的浊度水调节满刻度。其余同步骤 1。

3. 浊度高于 100NTU 的水样

用无浊度水稀释后再进行浊度测定。

五、注意事项

1. 取样后应尽快测定，将样品倒入样品池内时应沿着样品池缓慢倒入，避免产生气泡。
2. 样品的浊度应尽量现场测定。否则，应在 4℃ 以下冷藏、避光保存，但不能超过 48h。经冷藏保存的样品应将其放置至室温后再测量。
3. 仪器样品池的洁净度及是否有划痕会影响浊度的测量。应定期进行检查和清洁，有细微划痕的样品池可通过涂抹硅油薄膜并用柔软的无尘布擦拭来去除。

六、实验结果

一般仪器都能直接读出测量结果，无须计算。经过稀释的样品，读数乘稀释倍数，即为样品的浊度值。

结果表示：当测定结果小于 10NTU 时，保留小数点后一位；测定结果大于等于 10NTU 时，保留至整数位。

七、思考题

1. 当样品池外壁有指纹或者污渍时会对测试结果产生怎样的影响？
2. 请分析悬浮物的浓度与溶液浊度是否存在关系？

实验十一
水中悬浮物的测定

一、实验目的

1. 掌握水中悬浮固体的测定方法。
2. 了解水中悬浮物测定的意义。

二、实验原理

悬浮物是造成水浑浊的主要原因，是衡量水体污染程度的必测指标。悬浮物可用滤器过滤出来，被截留在滤料上的固体放置于烘箱中，105℃烘干至恒重。称量烘干固体残留物及滤料质量减去滤料质量，就是悬浮物质量。常用的滤器有滤纸、滤膜和石棉坩埚等。

三、实验材料

1. 仪器和器皿

电热干燥箱，电子分析天平，干燥器，孔径为 $0.45\mu m$ 的滤膜及相应的滤器，称量瓶（内径为 $30\sim50mm$），量筒（1000mL）。

2. 试剂

无浊度水。

四、实验步骤

1. 滤膜称量

把滤膜置于称量瓶中，打开称量瓶瓶盖，置于烘箱中 $103\sim105℃$ 内烘 2h 后，取出，在干燥器内冷却至室温，取出，盖好瓶盖，称量；重复上述过程直至恒重（两次称量结果相差不超过 0.0002g）。

2. 过滤水样

将采集水样中漂浮物去除后摇匀水样，量取均匀适量水样，将其通过已烘干至恒重的滤膜进行过滤；并用无浊度水冲洗 3～5 次滤膜上的残渣。

3. 滤渣称重

小心取下带滤渣的滤膜，一起放入称量瓶，开盖在烘箱内 103～105℃烘 2h 后取出，在干燥器内冷却后盖好瓶盖称量；重复上述过程直至恒重（两次称量结果相差不超过 0.0002g），记录其质量。

五、注意事项

1. 漂浮或浸没的不均匀固体物质如树叶、木棒、水草等杂物不属于悬浮物质，应先从水样中除去。

2. 不同滤器的滤孔大小不同，报告结果时应注明所用的滤器。

六、实验结果

悬浮物含量（mg/L）按下式计算：

$$\rho(悬浮物) = \frac{(m_A - m_B) \times 10^6}{V}$$

式中　m_A——悬浮物与滤膜及称量瓶的质量，g；

　　　m_B——滤膜及称量瓶的质量，g；

　　　V——水样体积，mL。

七、思考题

1. 悬浮物的质量浓度和浊度有无关系？为什么？

2. 测定水中悬浮物时，分析产生误差的原因。

实验十二

水中溶解氧的测定（碘量法）

一、实验目的

1. 了解测定水体溶解氧的意义。
2. 熟悉碘量法测定溶解氧的原理。
3. 掌握碘量法测定水体中溶解氧的方法。

二、实验原理

溶解于水中的分子氧称为溶解氧（DO），单位是 mg/L。水中溶解氧的含量与大气压力、水温、含盐量、耗氧有机物含量有关。大气压力下降、水温升高、含盐量和耗氧有机物含量增加，会导致溶解氧含量降低。水中溶解氧是评价水体质量、水体自净能力和水体生态系统的关键指标。

溶解氧常用的测量方法有碘量法和电化学法。一般碘量法只适用于测定较清洁水的溶解氧，废水或污水处理厂各环节水中的溶解氧需使用修正的碘量法或电化学法。

本实验使用碘量法进行溶解氧的测定。在水中加入硫酸锰和碱性碘化钾溶液，生成氢氧化锰沉淀，但不稳定，与水中的溶解氧反应生成锰酸锰棕色沉淀。加入硫酸后，已固定的溶解氧将碘化钾氧化并释放出游离碘。最后用硫代硫酸钠标准溶液进行滴定释放出的碘，换算出溶解氧的含量。

三、仪器和试剂

1. 仪器

万分之一电子天平，电热干燥箱，碘量瓶（250mL），锥形瓶，酸式滴定管，移液管，洗耳球，封口膜。

2. 试剂

（1）$MnSO_4 \cdot H_2O$ 溶液（450g/L）：称取 225g $MnSO_4 \cdot H_2O$，溶于 500mL 蒸馏水中，搅拌均匀，过滤。

（2）碱性碘化钾溶液：将 50g 氢氧化钠溶于 30mL 水中，将 15g 碘化钾溶于 20mL 水中，待氢氧化钠溶液冷却后，将上述两种溶液混合并稀释至 100mL，溶液贮存在塞紧的细口棕色瓶子里。经稀释和酸化后，在有淀粉指示剂存在下，本试剂应无色。

（3）硫酸溶液（1+5）：小心地把 100mL 浓硫酸（$\rho = 1.84g/mL$）在不停搅动下加入 500mL 水中。

（4）碘酸钾标准溶液[$c(1/6KIO_3) = 10mmol/L$]：在 180℃ 干燥数克碘酸钾（KIO_3），称量（3.567±0.003）g 溶解在水中并稀释到 1000mL。将上述溶液吸取 100mL 移入 1000mL 容量瓶中，用水稀释至标线。

（5）淀粉：新配制 10g/L 溶液。

（6）硫代硫酸钠溶液[$c(Na_2S_2O_3) = 10mmol/L$]：将 2.5g 五水硫代硫酸钠溶解于新煮沸并冷却的水中，再加 0.4g 的氢氧化钠，并稀释至 1000mL，溶液贮存于棕色玻璃瓶中。

标定方法：在锥形瓶中加入 100mL 的水，加入 0.5g 的碘化钾，加入 5mL 1+5 硫酸溶液，混合均匀，加入 20.00mL 碘酸钾标准溶液，稀释至约 200mL，立即用硫代硫酸钠溶液滴定释放出的碘，当接近滴定终点时，溶液呈浅黄色，加入淀粉指示剂，再滴定至完全无色。

硫代硫酸钠溶液浓度 c（mmol/L）由式（1）求出：

$$c = \frac{6 \times 20 \times 1.66}{V} \tag{1}$$

式中 V——硫代硫酸钠溶液滴定量，mL（每日标定一次溶液）。

（7）酚酞：1g/L 乙醇溶液。

（8）碘溶液（$c = 0.005mol/L$）：将 5g 的碘化钾溶解在少量的水中，向碘化钾溶液中加入 130mg 左右的碘，等待碘溶解后，将溶液转移至 100mL 容量瓶稀释至刻度线。

四、实验步骤

1. 水样的采集

除非还要做其他处理，样品应采集在碘量瓶中，测定就在瓶内进行，试样充满全部细口瓶。

（1）取地表水样

充满碘量瓶至溢流，小心避免溶解氧浓度的改变，对浅水用电化学探头法更好些。

在消除附着在玻璃瓶上的空气泡之后，立即固定溶解氧。

（2）从配水系统管路中取水样

将一惰性材料管的入口与管道连接，将管子出口插入碘量瓶底部。

用溢流冲洗的方式充入大约 10 倍细口瓶体积的水，最后注满瓶子，在消除附着在玻璃瓶上的空气泡之后，立即固定溶解氧。

2. 溶解氧的固定

取样之后，立刻在现场用细尖头的移液管向装有样品的碘量瓶液面下加入二价硫酸锰溶液 1mL 和碱性碘化钾溶液 2mL。使用细尖头的移液管，小心将碘量瓶塞子盖上，以免空气泡被带入。如果采用其他装置，必须小心保证样品氧含量不变。

将碘量瓶上下颠倒转动数次，保证瓶内的成分混合均匀，静置沉淀至少 5min，再重新颠倒混合数次，保证混合均匀。此时可将碘量瓶运送到实验室。若避光保存，样品最长贮藏 24h。

3. 游离碘

首先，确保形成的沉淀物已沉淀至碘量瓶身下三分之一部分。

慢速加入浓硫酸（密度 $1.84g/cm^3$）溶液 20mL，盖上碘量瓶盖，然后摇动瓶子，要求瓶中沉淀物完全溶解，并且碘已均匀分布。注：若直接在碘量瓶内进行滴定，小心地虹吸出上部分相应于所加酸溶液容积的澄清液，而不扰动底部沉淀物。

4. 滴定

将碘量瓶内的全部或其部分组分（体积 V_1）转移到锥形瓶内。用硫代硫酸钠溶液滴定，在接近滴定终点时，向碘量瓶中加入指示剂淀粉溶液。

五、注意事项

1. 当水样中含有亚硝酸盐、游离氯、藻类、悬浮物、氧化还原性物质时，必须进行预处理。

2. 采样时不能搅动水体，以免影响溶解氧值。

3. 当水样呈强酸性或强碱性时，需要调至中性再测定水中溶解氧含量。

六、实验结果

溶解氧含量 c_1(mg/L) 由式（2）求出：

$$c_1 = \frac{M_r V_2 c f_1}{4V_1} \tag{2}$$

式中　M_r——氧的分子量，$M_r = 32$；

　　　V_1——滴定时样品的体积，mL，一般取 $V_1 = 100$mL，若滴定碘量瓶内试样，则 $V_1 = V_0$；

　　　V_2——滴定样品时所耗去硫代硫酸钠溶液的体积，mL；

　　　c——硫代硫酸钠溶液的实际浓度，mol/L。

$$f_1 = \frac{V_0}{V_0 - V'} \tag{3}$$

式中　V_0——碘量瓶的体积，mL；

　　　V'——二价硫酸锰溶液（1mL）和碱性碘化钾试剂（2mL）体积的总和，mL。

七、思考题

1. 当碘析出时，为什么需要将溶解氧瓶暗处放置 5min？

2. 碘量法测定水中溶解氧时有哪些干扰因素？

3. 取水样时有哪些注意事项？

4. 碘量法是一种什么方法？其滴定剂和指示剂分别是什么？

实验十三

水中总磷的测定

一、实验目的

1. 掌握水中总磷的测定原理和方法。
2. 熟练掌握分光光度计的工作原理和使用方法。

二、实验原理

水中总磷包括溶解的、颗粒的、有机的和无机的，在中性条件下用过硫酸钾（或硝酸-高氯酸）消解试样，将试样中的磷全部氧化为正磷酸盐。在酸性介质中，正磷酸盐与钼酸铵反应，在锑盐存在下生成磷钼杂多酸后，立即被抗坏血酸还原，生成蓝色的配合物，于700nm 波长处测量吸光度，用标准曲线法定量。

三、实验仪器设备

1. 仪器

分光光度计，具塞磨口刻度管（50mL），高压蒸汽灭菌器（压力≥108kPa），烧杯，容量瓶（1000mL、250mL、100mL），棕色玻璃瓶，具塞比色管（50mL）。

2. 试剂

除另有说明外，所有试剂均为分析纯试剂；实验用水为蒸馏水。

(1) 硝酸（1.4g/mL）。

(2) 高氯酸（1.68g/mL）。

(3) 硫酸（1.84g/mL）。

(4) 硫酸$[c(1/2H_2SO_4)=1mol/L]$：将 27mL 硫酸（1.84g/mL）加入 973mL 水中。

(5) 硫酸（1+1）。

（6）氢氧化钠溶液（1mol/L）。

（7）氢氧化钠溶液（6mol/L）。

（8）过硫酸钾溶液（50g/L）。

（9）酚酞指示液（1%）：将1g酚酞溶于100mL的乙醇中。

（10）抗坏血酸溶液（10%）：溶解10g抗坏血酸于水中，并稀释至100mL。该溶液贮存在棕色玻璃瓶中，在4℃可稳定几周。

（11）钼酸盐溶液：将13g钼酸铵〔$(NH_4)_6Mo_7O_{24} \cdot 4H_2O$〕溶解在100mL水中。将0.35g酒石酸锑钾（$KSbC_4H_4O_7 \cdot 1/2H_2O$）溶解在100mL水中。在连续搅拌的条件下将钼酸铵溶液缓慢加入300mL 1＋1硫酸溶液中，然后将酒石酸锑钾溶液加入混合溶液中搅拌均匀。

（12）磷标准贮备液（50μg/mL）：在110℃条件下将磷酸二氢钾干燥2h，取出后放置于干燥器中冷却，称取0.2197g，溶解在适量的水中，将溶液移至1000mL容量瓶中，加入约800mL水、5mL 1＋1硫酸溶液，用水稀释至标线并混匀。1.00mL此标准溶液含磷50.0μg。

（13）磷标准使用溶液：量取磷标准溶液10.0mL置于250mL容量瓶中，用水稀释至标线并混匀。1.00mL此标准溶液含磷2.0μg。使用当天配制。

四、实验步骤

1. 标准曲线绘制

取数支25mL具塞比色管，分别加入磷标准使用溶液0mL、0.50mL、1.00mL、3.00mL、5.00mL、10.00mL、15.00mL，加水至25mL。分别向比色管中加入10%抗坏血酸溶液1mL，混匀。30s后加入2mL钼酸盐溶液充分混匀，放置15min。用10mm比色皿，以水为参比，在700nm波长处测定吸光度，并绘制标准曲线。

2. 样品的采集

取500mL水样，加入1mL硫酸（1.84g/mL）调节样品的pH，使之低于或等于1，或不添加任何试剂于4℃条件下保存。

3. 消解

取25mL水样置于锥形瓶中，加入数粒玻璃珠，加入2mL硝酸在电热板上加热浓缩至10mL。冷却后加入5mL硝酸，再加热浓缩至10mL，放冷。加入3mL高氯酸，加热至高氯酸冒白烟，此时调节电热板温度，使消解液在锥形瓶内壁保持回流状态，直至剩下3～4mL，冷却后，加1滴酚酞作为指示剂，滴加氢氧化钠溶液至溶液刚好呈现微红色，滴加硫酸（1mol/L）使溶液红色刚好褪去，充分混合，移至50mL比色管中，稀释至标线，等待下一步分析。

4. 样品测定

分别向各消解液中加入1mL抗坏血酸溶液（10%），混合均匀，30s后加入2mL钼酸盐溶液，充分混合均匀。

室温下放置15min后，分别取适量样品于比色皿中，以水作参比，于700nm波长下测定吸光度。扣除空白实验的吸光度，代入标准曲线中求出磷含量。

五、注意事项

1. 在酸性条件下，砷、铬、硫会对测定产生干扰。
2. 操作所用到的玻璃器皿，不能用含有磷酸盐的洗涤剂进行洗涤。

六、实验结果

总磷含量以 C（mg/L）表示，按下式计算：

$$C = \frac{m}{V}$$

式中　m——试样测得磷含量，μg；

　　　V——测定所取试样体积，mL。

七、思考题

1. 本方法的检测上限和下限分别是多少？
2. 为什么显色稳定后，需要尽快测定？放置久了会对测试结果产生什么影响？

实验十四

水中氨氮的测定（水杨酸分光光度法）

一、实验目的

1. 学习水中氨氮的测定方法。
2. 掌握用水杨酸分光光度法测定氨氮的原理和技术。

二、实验原理

在碱性介质（pH＝11.7）和亚硝基铁氰化钠存在的条件下，水中的氨、铵离子能与水杨酸盐和次氯酸离子发生反应，生成蓝色化合物，该化合物可以采用分光光度法在 697nm 波长处测量吸光度。

三、仪器和试剂

1. 仪器

可见光分光光度计，比色管（50mL），滴瓶（1mL 相当于 20 滴），氨氮蒸馏装置，实验室常用玻璃器皿。

所有玻璃器皿均应用清洗溶液无氨水仔细清洗，然后用水冲洗干净。

2. 试剂

除非特殊说明，本实验所用化学试剂均为分析纯，实验用水均为无氨水。

（1）无氨水：在 1000mL 的蒸馏水中，加 0.10mL 硫酸，在全玻璃蒸馏器中重蒸馏，弃去前 50mL 馏出液，然后将约 800mL 馏出液收集在带有磨口玻璃塞的玻璃瓶内。每升馏出液加 10g 强酸性阳离子交换树脂（氢型）。

（2）乙醇（$\rho=0.79\text{g/mL}$）。

（3）硫酸 $[\rho(H_2SO_4)=1.84\text{g/mL}]$。

（4）轻质氧化镁（不含碳酸盐）：在 500℃下加热氧化镁，以除去碳酸盐。

（5）硫酸吸收液[$c(H_2SO_4)=0.01mol/L$]：量取 7.0mL 硫酸加入水中，稀释至 250mL。临用前取 10mL，稀释至 500mL。

（6）氢氧化钠溶液[$c(NaOH)=2mol/L$]：称取 8g 氢氧化钠溶于水中，稀释至 100mL。

（7）显色剂（水杨酸-酒石酸钾钠溶液）：称取 50g 水杨酸[$C_6H_4(OH)COOH$]，将其溶于 100mL 水中，再加入氢氧化钠溶液 160mL，搅拌使其完全溶解；再称取 50g 酒石酸钾钠（$KNaC_4H_6O_6 \cdot 4H_2O$），溶于水中，与上述溶液混合，将混合液移至 1000mL 容量瓶中，加水稀释至标线，混合均匀。贮存于加橡胶塞的棕色玻璃瓶中，此溶液可稳定 1个月。

（8）次氯酸钠使用液[$\rho(有效氯)=3.5g/L, c(游离碱)=0.75mol/L$]：取经标定的次氯酸钠，用水和氢氧化钠溶液（2mol/L）稀释成含有效氯浓度 3.5g/L、游离碱浓度 0.75mol/L（以 NaOH 计）的次氯酸钠使用液。存放于棕色滴瓶内，本试剂可稳定 1个月。

（9）亚硝基铁氰化钠溶液（$\rho=10g/L$）：称取 0.1g 亚硝基铁氰化钠{$Na_2[Fe(CN)_5NO] \cdot 2H_2O$}置于 10mL 具塞比色管中，加水至标线。本试剂可稳定 1个月。

（10）清洗溶液：将 100g 氢氧化钾溶于 100mL 水中，溶液冷却后加 900mL 乙醇（$\rho=0.79g/mL$），贮存于聚乙烯瓶内。

（11）溴百里酚蓝指示剂（$\rho=0.5g/L$）：称取 0.05g 溴百里酚蓝溶于 50mL 水中，加入 10mL 乙醇（$\rho=0.79g/mL$），用水稀释至 100mL。

（12）氨氮标准贮备液（$\rho_N=1000\mu g/mL$）：将氯化铵（NH_4Cl，优级纯）放置于烘箱中，105℃干燥 2h，冷却后称取 3.8190g，溶于水中，转移至 1000mL 容量瓶中，稀释至标线。此溶液可稳定 1个月。

（13）氨氮标准中间液（$\rho_N=100\mu g/mL$）：吸取 10.00mL 氨氮标准贮备液于 100mL 容量瓶中，稀释至标线。此溶液可稳定 1周。

（14）氨氮标准使用液（$\rho_N=1\mu g/mL$）：吸取 10.00mL 氨氮标准中间液于 1000mL 容量瓶中，稀释至标线。临用现配。

四、实验步骤

1. 样品的采集

水样采集后，保存在聚乙烯瓶或玻璃瓶内，应尽快分析。如果不能立即测试，应添加硫酸使水样酸化至 pH<2，在 2~5℃下可保存 7d。

2. 水样的预蒸馏

将 50mL 硫酸吸收液移入接收瓶内，确保冷凝管出口在硫酸溶液液面之下。分取 250mL 水样（如氨氮含量高，可适当少取，加水至 250mL）移入烧瓶中，加几滴溴百里酚蓝指示剂，必要时，用氢氧化钠溶液或硫酸溶液调整 pH 至 6.0（指示剂呈黄色）~7.4（指示剂呈蓝色），加入 0.25g 轻质氧化镁及数粒玻璃珠，立即连接氮球和冷凝管。加热蒸馏，使馏出液速率约为 10mL/min，待馏出液达 200mL 时，停止蒸馏，加水定容至 250mL。

3. 校准曲线

（1）用 10mm 比色皿测定时，按表 11 制备标准系列。

表 11　标准系列（10mm 比色皿）

项目	管号					
	0	1	2	3	4	5
标准溶液体积/mL	0.00	1.00	2.00	4.00	6.00	8.00
氨氮含量/μg	0.00	1.00	2.00	4.00	6.00	8.00

（2）用 30mm 比色皿测定时，按表 12 制备标准系列。

表 12　标准系列（30mm 比色皿）

项目	管号					
	0	1	2	3	4	5
标准溶液体积/mL	0.00	0.40	0.80	1.20	1.60	2.00
氨氮含量/μg	0.00	0.40	0.80	1.20	1.60	2.00

根据表 11 或表 12，取 6 支 10mL 比色管，分别加入上述氨氮标准使用液，用水稀释至 8.00mL，测定其吸光度。以扣除空白的吸光度为纵坐标，以其对应的氨氮含量（μg）为横坐标，绘制校准曲线。

4. 样品测定

取水样或经过预蒸馏的试样 8.00mL 于 10mL 比色管中（当水样中氨氮质量浓度高于 1.0mg/L 时，可适当稀释后取样）。加入 1.00mL 显色剂和 2 滴亚硝基铁氰化钠溶液，混匀。再滴入 2 滴次氯酸钠使用液，混合均匀，加水稀释至标线，再次混合均匀。待显色 60min 后，以水作为参比，用 1cm 比色皿，于 697nm 波长处测试吸光度。

5. 空白实验

以水代替水样，按照与样品相同的分析步骤进行预处理和测定。

五、注意事项

1. 试剂空白的吸光度应不超过 0.030（光程 10mm 比色皿）。

2. 蒸馏过程中，一些有机物很可能与氨同时馏出，从而对测定产生干扰，其中有些物质（如甲醛）可以在酸性条件（pH<1）下煮沸除去。

3. 部分工业废水，可加入石蜡碎片等作防沫剂。

六、实验结果

水样中氨氮的质量浓度按式（1）计算：

$$\rho_N = \frac{A_s - A_b - a}{b \times V} \times D \tag{1}$$

式中　ρ_N——水样中氨氮的质量浓度（以 N 计），mg/L；

A_s——样品的吸光度；

A_b——空白实验的吸光度；

a——校准曲线的截距；

b——校准曲线的斜率；

V——所取水样的体积，mL；

D——水样的稀释倍数。

七、思考题

1. 影响测定准确度的因素有哪些？
2. 氨氮标准贮备液浓度配制偏高，会导致水样测试结果怎么变化？

实验十五
水中化学需氧量的测定

一、实验目的

1. 理解水中化学需氧量（COD）的含义。
2. 熟练掌握 COD 测定方法及原理。

二、实验原理

在水样中加入已知量的重铬酸钾溶液，并在强酸介质下以银盐作催化剂，经沸腾回流后，以试亚铁灵为指示剂，用硫酸亚铁铵滴定水样中未被还原的重铬酸钾，由消耗的重铬酸钾的量计算出消耗氧的质量浓度。

三、仪器和试剂

1. 仪器

（1）回流装置：带 250mL 磨口锥形瓶的全玻璃回流装置，可选用水冷或风冷全玻璃回流装置，其他等效冷凝回流装置亦可。

（2）加热装置：电炉或其他等效消解装置。

（3）分析天平：感量为 0.0001g。

（4）酸式滴定管：25mL 或 50mL。

（5）一般实验室常用仪器和设备。

2. 试剂和材料

除非特殊说明，实验时所用试剂均为分析纯试剂，实验用水均为新制备的超纯水、蒸馏水或同等纯度的水。

（1）硫酸（H_2SO_4）：$\rho=1.84$g/mL，优级纯。

（2）重铬酸钾（$K_2Cr_2O_7$）：基准试剂，取适量重铬酸钾在烘箱中 105℃ 干燥至恒重。

（3）重铬酸钾标准溶液：$c(1/6\ K_2Cr_2O_7)=0.250$mol/L。准确称取 12.258g 重铬酸钾溶于水中，转移至 1000mL 容量瓶中，用水稀释至刻度线。

（4）硫酸银（Ag_2SO_4）。

（5）硫酸汞（$HgSO_4$）。

（6）邻苯二甲酸氢钾（$KHC_8H_4O_4$）：基准试剂。

（7）七水合硫酸亚铁（$FeSO_4 \cdot 7H_2O$）。

（8）硫酸溶液：1+9（体积比）。

（9）硫酸银-硫酸溶液：称取 10g 硫酸银，加到 1L 硫酸中，放置 1～2d 使之溶解，并混匀，使用前小心摇匀。

（10）硫酸汞溶液：$\rho=100$g/L。称取 10g 硫酸汞，溶于 100mL 硫酸溶液中，混匀。

（11）硫酸亚铁铵标准溶液：$c[(NH_4)_2Fe(SO_4)_2 \cdot 6H_2O] \approx 0.05$mol/L。称取 19.5g 硫酸亚铁铵溶解于水中，加入 10mL 硫酸（1+9），待溶液冷却后稀释至 1000mL。每日临用前，必须用重铬酸钾标准溶液准确标定硫酸亚铁铵溶液的浓度；标定时应做平行双样。取 5.00mL 重铬酸钾标准溶液置于锥形瓶中，用水稀释至约 50mL，缓慢加入 15mL 硫酸（1+9），混匀，冷却后加入 3 滴（约 0.15mL）试亚铁灵指示剂，用硫酸亚铁铵溶液滴定，溶液的颜色由黄色逐渐变成蓝绿色最终变成红褐色即为滴定终点，记录消耗的硫酸亚铁铵溶液的量 V(mL)。硫酸亚铁铵标准溶液浓度按式（1）计算：

$$c = \frac{5.00 \times 0.25}{V} \tag{1}$$

式中　5.00——重铬酸钾标准溶液的体积，mL；

0.25——重铬酸钾标准溶液的浓度，mol/L；

V——滴定时消耗硫酸亚铁铵溶液的体积，mL。

（12）邻苯二甲酸氢钾标准溶液：$c(KHC_8H_4O_4)=2.0824$mmol/L。称取 105℃ 干燥 2h 的邻苯二甲酸氢钾 0.4251g 溶于水，并稀释至 1000mL，混匀。以重铬酸钾为氧化剂，将邻苯二甲酸氢钾完全氧化的 COD_{Cr} 值为 1.176g/g（以氧计，即 1g 邻苯二甲酸氢钾耗氧 1.176g），所以该标准溶液的理论 COD_{Cr} 值为 500mg/L。

（13）试亚铁灵指示剂溶液：也称 1,10-菲绕啉商品名为邻菲啰啉、1,10-菲罗啉等）指示剂溶液。将 0.7g 七水合硫酸亚铁溶解在 50mL 水中，加入 1,10-菲绕啉 1.5g，搅拌至溶解，转移至 100mL 容量瓶中，用水稀释至刻度线。

（14）防暴沸玻璃珠。

四、实验步骤

1. 样品采集与保存

采集水样的体积不得少于 100mL。采集的水样应置于玻璃瓶中，并尽快分析。如不能立即测试时，应加入硫酸（1+9）调至 pH<2，在 4℃ 条件下可以保存 5d。

2. 样品测定

量取 10.0mL 水样置于锥形瓶中，分别加入适量的硫酸汞溶液、5.00mL 重铬酸钾标准溶液和几颗防暴沸玻璃珠，混合均匀。硫酸汞溶液按质量比 $m(HgSO_4) : m(Cl^-) \geqslant 20 : 1$ 的比例加入，最大加入量为 2mL。将锥形瓶连接到回流装置冷凝管下端，从冷凝管上端缓慢加入 15mL 硫酸银-硫酸溶液，以防止低沸点有机物的逸出，不断旋动锥形瓶使溶液混合均匀。自溶液开始沸腾起保持微沸回流 2h。若为水冷装置，应在加入硫酸银-硫酸溶液之前通入冷凝水。回流并冷却后，自冷凝管上端加入 45mL 水冲洗冷凝管，取下锥形瓶。溶液冷却至室温后，加入 3 滴试亚铁灵指示剂溶液，用硫酸亚铁铵标准溶液滴定，溶液的颜色由黄色变成蓝绿色最终变成红褐色即为终点，记录硫酸亚铁铵标准溶液的消耗体积 V_1。注：样品浓度低时，取样体积可适当增加，同时其他试剂量也应按比例增加。

3. 空白实验

按相同的步骤以 10.0mL 实验用水代替水样进行空白实验，记录空白滴定时消耗硫酸亚铁铵标准溶液的体积 V_0。注：空白实验中硫酸银-硫酸溶液和硫酸汞溶液的用量应与样品中的用量保持一致。

五、实验结果

按式（2）计算样品中化学需氧量的质量浓度 $\rho(\text{mg/L})$：

$$\rho = \frac{c \times (V_0 - V_1) \times 8000}{V_2} \times f \qquad (2)$$

式中　c——硫酸亚铁铵标准溶液的浓度，mol/L；

　　　V_0——空白实验所消耗的硫酸亚铁铵标准溶液的体积，mL；

　　　V_1——水样测定所消耗的硫酸亚铁铵标准溶液的体积，mL；

　　　V_2——加热回流时所取水样的体积，mL；

　　　f——样品稀释倍数；

　　8000——$1/4O_2$ 的摩尔质量以 mg/L 为单位的换算值。

六、注意事项

1. 消解时应使溶液缓慢沸腾，不宜暴沸。如出现暴沸，说明溶液中出现局部过热，会导致测定结果有误。暴沸的原因可能是加热过于激烈，或是防暴沸玻璃珠的效果不好。

2. 试亚铁灵指示剂的加入量虽然不影响临界点，但应该尽量一致。当溶液的颜色先变为蓝绿色再变到红褐色即达到终点，几分钟后可能还会重现蓝绿色。

七、思考题

1. 水样中存在氯离子会对水样化学需氧量的测定产生哪些影响？

2. 硫酸汞的作用是什么？

3. COD 计算式中 8000 的含义是什么？

实验十六
水中苯酚的测定

一、实验目的

1. 掌握高效液相色谱的原理和使用方法。
2. 熟悉高效液相色谱仪的结构。
3. 掌握水中苯酚的测定方法和原理。

二、实验原理

苯酚的测量方法有多种，如溴化容量法、比色法、高效液相色谱法等。但是溴化容量法、比色法存在着分析速度较慢、精度较低的缺点。高效液相色谱法是近年发展起来的一种新的测试方法，其特点是：分析速度快、检测灵敏度高、操作简便、样品用量少。高效液相色谱法的原理是以液体为流动相，采用高压输液系统，将具有不同极性的单一溶剂或不同比例的混合溶剂、缓冲液等流动相泵入装有固定相的色谱柱，在柱内各成分被分离后，进入检测器进行检测。

三、仪器和试剂

1. 仪器

安捷伦高效液相色谱仪 1100，紫外检测器，C18 色谱柱，万分之一天平，1000mL 容量瓶，100mL 容量瓶，50mL 容量瓶，1.5mL 液相小瓶，100mL 蓝盖瓶，5mL 移液枪，1mL 移液枪，200μL 移液枪，100μL 移液枪，50μL 移液枪。

2. 试剂

苯酚（分析纯），甲醇（色谱纯），乙酸（色谱纯），纯水。

四、实验步骤

1. 标准曲线的制备

称取纯苯酚 300mg 于 50.0mL 容量瓶中，用适量甲醇溶解，用甲醇稀释至刻度线。分别吸取该溶液 0.0μL、50.0μL、100.0μL、200.0μL、300.0μL、500.0μL 于 10mL 的容量瓶中，用甲醇稀释至刻度线。得到标准系列溶液，分别取 1mL 标准系列溶液于 1.5mL 的液相小瓶中。采用高效液相色谱-紫外法测定标准溶液，根据标准系列中苯酚的保留时间，定性确定样品中的目标物，记录色谱峰面积，以浓度为横坐标、峰面积为纵坐标绘制标准曲线。

2. 样品分析

将水样经过滤（0.45μm 孔径滤膜）处理后，取 1mL 过滤后水样于 1.5mL 的液相小瓶中，利用液相色谱测定其峰面积，根据标准曲线进行定量。

3. 液相色谱操作条件

色谱柱为 C18 柱；流动相为甲醇：0.1% 的乙酸水溶液 = 80：20（体积比）；检测波长为 270nm；流速为 1.0mL/min；进样量为 20μL。

五、注意事项

1. 流动相必须采用 HPLC 级的试剂。
2. 气泡会致使压力不稳，重现性差，所以在使用流动相过程中要尽量避免产生气泡。
3. 每次做完样品后必须用溶解样品的溶剂清洗进样器。

六、实验结果

1. 标准曲线的绘制

苯酚标准溶液的峰面积和浓度记录于表 13。

表 13　苯酚标准溶液的峰面积和浓度

项目	苯酚体积 V					
	0.0μL	50.0μL	100.0μL	200.0μL	300.0μL	500.0μL
苯酚浓度 c/(mg/mL)						
峰面积 A/(AU·min)						

2. 样品分析数据

水样的峰面积和浓度记录于表 14。

表 14　水样的峰面积和浓度

项目	水样 1			水样 2		
	1	2	3	1	2	3
峰面积 A/(AU·min)						
浓度 c/(mg/mL)						

七、思考题

1. 在使用高效液相色谱的过程中应该注意哪些问题?

2. 流动相在使用之前为什么要超声处理?超声处理时要注意什么?

参 考 文 献

[1] 奚旦立. 环境监测实验. 第 2 版. 北京：高等教育出版社，2019.

[2] 张存兰，商书波. 环境监测实验. 成都：西南交通大学出版社，2018.

[3] 张新英，张超兰，刘绍刚，等. 环境监测实验. 北京：科学出版社，2016.

[4] 张君枝，王鹏，杨华，等. 环境监测实验. 北京：中国环境出版社，2016.

[5] 胡敏，郭松，王婷，等. 环境监测实验. 北京：北京大学出版社，2022.

[6] 崔玉波，刘丽敏. 环境检测实训教程. 北京：化学工业出版社，2017.

[7] 江锦花. 环境监测实验. 杭州：浙江大学出版社，2021.

[8] 银玉容，马伟文. 环境监测实验. 北京：科学出版社，2021.

[9] 孙杰，陈绍华，叶恒朋，等. 环境监测实验. 北京：科学出版社，2018.

[10] 邱诚，周筝. 环境监测实验与实训指导. 北京：中国环境出版集团，2020.